基础学烘焙

MIANBAO ZHIZUO JIFA

面包
制作技法

编著 犀文圖書

天津出版传媒集团

天津科技翻译出版有限公司

烘焙，又称烘烤，指食物通过干热的方式脱水变干变硬的过程。烘焙食品则是以面粉、油、糖、鸡蛋等为主料，添加适量配料，并通过和面、发酵、成型、烘烤等工序制成的口味多样、营养丰富的食品。烘焙食品诞生的时间已经难以考究，但自从电烤箱问世以来，烘焙食品进入了快速发展的"黄金时代"。在许多国家，无论是主食，还是副食，烘焙食品都占有十分重要的位置。

近些年，由于食品安全问题，如添加一些不合格的添加剂或非法使用添加剂的曝光，让许多家庭在购买烘焙等食品时，越来越谨慎，从而将更多的时间投入到厨房亲自制作之中。同时，随着家用电烤箱在我国逐渐普及，越来越多的家庭"煮妇"被烘焙食品无烟、健康、营养等特点掠取了"芳心"，甚至，很多人在第一次接触电烤箱后，就被其"神奇"的工作模式"俘获"，成为烘焙的忠实"粉丝"。

烘焙食品是现代社会的"舶来品"，在制作时同传统的家常食物一样，也需要掌握一定的烹饪技巧和基础知识。为此，我们通过精心的策划，特意制作了这套关于家庭烘焙的丛书——《零基础学烘焙》。

本套丛书包括《烘焙制作基础》、《饼干挞派制作技法》、《蛋糕制作技法》、《面包制作技法》四册，全面系统、科学合理地为大家讲述适宜家庭操作的饼干、蛋糕、面包、挞派、比萨等烘焙食品的制作方法，介绍详细，制作简单，并配有精美的图片、实用的烘焙要领和家庭烘焙的一些基础知识，让您一学就会。

《面包制作技法》为您精心挑选了百余款常见的面包，既有主食面包，也有点心面包，内容详细，编排合理，期望给即将学习烘焙的您带来便利，并体验家庭烘焙的温馨和欢乐。

编者

目录
CONTENTS

第一章 面包基础知识

第二章 主食面包

第三章 点心面包

第一章
面包基础知识

面包制作的基本材料

1.高筋面粉

面粉根据其蛋白质所含量的不同，分为低筋面粉、中筋面粉和高筋面粉，制作面包的专用面粉为高筋面粉。高筋面粉又称强筋面粉，其蛋白质和面筋含量最高，蛋白质含量在10%以上。高筋面粉不仅可以用来制作面包，还可以做起酥类点心、泡芙、饺子等。

选购高筋面粉时，很多人都会误认为"高精面粉"就是高筋面粉，其实"高精"指的是小麦粉的加工工艺为"高级精制"，而不是指它的筋度。

在分辨面粉种类时，高筋面粉的颜色较深，本身较有活性而且光滑，手抓不易成团状。因为加工工艺的多元化，现在市场上还有专门做面包的面包粉（Bread Flour），它是为提高面粉的面包制作性能向面粉中添加麦芽、维生素及谷蛋白等，增加蛋白质的含量，以便能更容易地制作面包。因此就出现了蛋白质含量高达14%～15%的面粉。

2.水

水看似极为平常，但是也是制作面包的重要基本材料，水的品质不同，直接影响面包的组织、口感。

水能促成面筋形成。面包产品的"骨架"是面筋，而面筋是由面粉中的蛋白质吸水形成的。水的作用是能溶解盐、糖、酵母等干性辅料，帮助酵母生长繁殖，促进酶对蛋白质和淀粉的水解，控制面团的软硬度和面团的温度。

水根据其中钙、镁离子的含量不同，分为硬水和软水，以每100毫升水为例，氧化钙的含量超过18毫克的称为硬水，低于4毫克的称为极软水，硬水和极软水都不适合做面包。水的硬度过高，会过度增加面筋的韧性，推迟发酵时间，使成品口感粗糙干硬；极软水能使面筋变得过度柔软，制成的面包容易塌架。因此制作面包用的水，每100毫升水中氧化钙的含量最好在8～12毫克。

另外，水还有酸碱性之分，制作面包用的水应该为微酸性，pH值在6～7之间。

3.鸡蛋

鸡蛋是制作面包极为常用的一种原料。它能提高面包的蓬松度，使面包疏松多孔，具有弹性，形态饱满。

一般甜面包的含蛋量在 8%~16%，含蛋量超过 20% 的话，会对面团造成影响，因为鸡蛋中含有大量蛋白质，在面团搅拌时，鸡蛋液无法替代水达到快速渗透软化面筋的效果。

在烘烤时，也可以在面团上刷上一层鸡蛋液，能使成品呈现诱人的棕黄色。

4.糖

在面包中加入适量的糖，不仅能使面包的口味更佳，还能增加面包的弹性，使面包在一定的时间内保持柔软。糖对面团中酵母的繁殖也有影响，适量的糖有助于酵母菌的繁殖。然而糖的渗透能力很强，过浓的糖液能渗透到面团的内部，使面团失水、萎缩而失去发酵作用。制作含糖量高的面包，需要采取二次发酵，增加酵母用量或使用特质的耐高糖酵母。

细砂糖、绵白糖、饴糖、蜂蜜、玉米糖浆和麦芽糖等都可以用来制作面包。

5.酵母

酵母即酵母菌，是一种单细胞微生物，面包面团的饧发主要就是靠它起的作用。在有氧气的环境中，酵母菌将葡萄糖转化为水和二氧化碳，馒头、面包等都是酵母菌在有氧气的环境下产生膨胀的。

酵母可以增加面包的营养价值，因为酵母本身含有大量的蛋白质和一定的纤维素。同时食用酵母还能使成品的口感更加松软，酵母在面团中大量增殖，产生二氧化碳气体，使面团发酵，体积增大。经过烘烤，面团中的气体受热变性，从而在面团内部形成蜂窝状的组织，并具有弹性。

面包发酵常用的酵母有新鲜酵母、干酵母和即溶酵母三种。目前市场上普遍有售的为干酵母和即溶酵母。干酵母的发酵力是慢慢增强的，适合组织长时间发酵的面包；即溶酵母最为常见，它的发酵力强，可以使面包轻松烘烤成型。

6.盐

面包中盐的添加量一般占面粉总量的1%~2.2%，最多不宜超过3%。添加适量的盐可以使面包产生微弱的咸味，再与细砂糖共同作用，可以增加面包的风味。

添加盐的另外一个重要作用就是调节发酵的时间。盐可以增加面包渗透压力，延迟细菌生长，或者杀灭细菌，如果忘记在面团中放入盐，可能会出现面团发酵过快、发酵不稳定的状况，天气较热的时候，可能会出现饧发过度，面团过酸的现象。

盐还能改变面筋的物理性质，使面包质地变得更密且更富有弹性。利用盐调理面筋，可以使面团内部产生比较细密的组织，使光线能容易地透过较薄的组织壁，从而使成品内部组织色泽较白。

7.油脂

油脂可以分为液态和固态两种，常温下为液态的称为油，固态的称为脂或脂肪。

面包制作中油脂的种类较多，大多选用的是固态油脂，如猪油、黄油等，也有部分面包选用液体油，如植物油、色拉油等。

油脂类食材在面包中的作用：油脂具有乳化性，可以抑制面团中出现大的气泡，使面包内部气泡细密、分布均匀，大大地改善面包的品质；油脂还能使面包产生特殊的香味，增加面包的口味；由于油脂的润滑作用，油脂能使面筋和淀粉的分界面上形成润滑膜，使面筋网络在发酵过程中的摩擦阻力减小，有利于膨胀，增加面团的延伸性，增大面包的体积；油脂能延缓面包老化，所以能增加面包的保鲜期。

8.牛奶

制作面包可以添加牛奶，以增加面包的营养价值和口味。也可以用牛奶代替水和面，风味更佳。牛奶不仅使面包饱含浓浓的奶香味，还能使面团润滑，增强面筋的弹性，防止面团收缩，保持成品面团外形的完整，并且牛奶还含有丰富的蛋白质，营养价值高。

面包制作常用的工具、模具、设备

一、工具

1.打蛋器
搅拌面糊、奶油或馅料用小号且握柄坚固的打蛋器比较顺手；打蛋白用大号的，钢丝相对较坚挺、数量多的打蛋器效果更好。

2.橡皮刮刀
用于拌面糊或馅料。因为自家制作面包的量通常很小，常用汤匙来代替。

3.毛刷
可用来抹鸡蛋液或糖浆，材料有尼龙的或动物毛的。毛的软硬粗细各有不同，如果涂抹面包表层的鸡蛋液，使用柔软的羊毛刷子比较合适。毛刷每次使用后要清洗干净，保持完全干燥。

4.利刀
用于切割面皮来造型。可用手术刀片，没有的话，使用剃须刀片、美工刀也可以，无论用哪种，刀锋一定要锋利，因为钝刀会黏面团，不容易切开，即使切开了刀口也不规则，影响美观。

5.擀面杖
这个就不用说了，整形必备。

6.温度计
用于测面团或熔化巧克力、熬煮糖浆的温度，在后两种情况下的用途更广泛。基础发酵的适宜温度是28℃，最后发酵的适宜温度是38℃。

7.刮板
分金属的和塑料的，而塑料的又分软的（粉色的）和硬的（黄色的）。金属的刮板在切割面团或刮净面板时很方便。硬刮板直线的一边用于切割面团，曲线的一边用于刮净盘里残留的面团。这种硬刮板在做其他一些西点，比如挞、派等，可以切割黄油或拌面糊；做蛋糕时，可以刮平表面的面糊，用处很多。软刮板也可用于切割面团、移动面团或刮面糊，因为太软，做其他西点时就不如硬的刮板得心应手。

8.秤
称原料或面团用。电子秤更准确，台秤也可以，家庭制作要求不是太严格，差个三五克对成品也没什么影响。但不称重只靠目测的误差比较大，这样是不可取的。

9.粉筛

可用于过筛低筋面粉、泡打粉、杏仁粉等。做松饼和司康饼时，低筋面粉与泡打粉放在一起后再过筛，会使泡打粉混合比较均匀。

10.切割模

用于面包的整形，有直边和花边两种。

11.锯齿刀

用于切割成品面包，分粗齿和细齿两种，买一把就行了。

12.量勺

用于称量酵母、泡打粉之类的较少量的材料。分别为1大匙、1/2大匙、1小匙、1/2小匙、1/4小匙。

13.其他器材

下面的是与做面包有关的材料，不能算工具，但用处很大。

保鲜膜：基础发酵和中间发酵时可用保鲜膜覆盖面团，避免干燥。

烘焙纸：四开一张，烤面包时垫着绝对不粘底盘，蒸包子、馒头也好用。

高温布：可反复使用，也比较经济，只是上面沾了油就不容易洗掉了。

锡纸：烤含油脂的面包时防粘的效果非常好，小心使用的话，可以反复使用几次。注意两点，一是不适合烤不含油脂的欧式面包，会揭不下来；二是锡纸有亮面和哑光面，要用哑光面接触食物。

二、模具

1.450克吐司模：这是做吐司最常用的模具。建议买三能不粘模，金色、黑色的皆可，防粘效果都是一流。如果买到的是普通非不粘的模具，要涂软化的黄油做防粘处理，不然会把面包皮粘掉。450克吐司模可盛放的面团量在450~550克。

2.250克水果条：这是做面包常用的模型。最常用来做蛋糕，通常是非不粘的，无论做蛋糕还是面包，都要做防粘处理。水果条可盛放的面团量在250~300克。

3.鹿背模：三角形的鹿背模，常用于做蛋糕，用它做出的三角形吐司很抢眼。这种模具并非必须，如果你很想换换花样的话，再考虑购买。鹿背模可盛放的面团量在180克左右。

4.圆形蛋糕模：可能这种模具大家很少用到，其实也可以做面包，最常见的是用8寸蛋糕模做花形的面包，6寸的除了可以放小面团做花形的面包外，还可以做吐司。圆形蛋糕模可盛放的面团量在200克以上。

5.7寸天使蛋糕模：这个可以做环形的面包，或放几个小面团做成花式面包。

6.轻乳酪蛋糕模：制作面包时实在很少用到这个模具。如果想做成平顶的吐司，上面需要压一个烤盘，或者用8寸蛋糕模的活底，上面压个重物。轻乳酪蛋糕模可盛放面团的量在300克左右。

三、面包加工的专用设备

1.家用全自动面包机。对于家庭来说使用家用全自动面包机做面包再好不过了。

2.家用烤箱。家用烤箱不但能烤面包，还可烤蛋糕、点心等，是烘焙爱好者不可缺少的设备。目前家用烤箱已经非常流行，在一般的大型超市、电器城都可买到。

3.面包发酵箱。面包发酵箱是面包制作时离不开的设备，但家用的好像目前还没有出现。那么，家庭制作时如何解决这一问题呢？首先，如用的是面包机，那么面包机会处理发酵过程；其次，如用的是烤箱，也可利用灯箱发酵。具体方法为，将烤箱温度控制为30℃~35℃，在烤箱内放一个水碗，然后将入模的面包放入其内发酵至要求程度即可。

烤箱选购及使用指南

烤箱是烘焙爱好者的必备工具之一，并且越来越被家庭厨房所重用，不管是烘烤点心，还是焗饭烤肉，它越来越多地承担了餐桌美食的制作工作。

很多想买烤箱的朋友问，买个什么烤箱好？这个问题，因为大家的情况不同，包括家里厨房的大小，想花多少钱买，家庭成员有多少，买烤箱主要用来做什么，对外观、做工和品牌有什么特殊要求等等，可能都不太一样，所以我们先从了解烤箱的结构开始，相信你能根据自己的情况做出最适合的选择。

先说个题外话，微波炉能不能代替烤箱？答案是不能。因为微波炉的加热原理是通电后电能变成微波，通过炉内的空气传播到食物，然后使得食物内部每一个分子都进行热运动，从而使得食物变热继而成熟。这个过程是由内而外的。而电烤箱是通过电阻丝把电能变成热能，使得箱体内的温度提高，继而对食物进行烘烤至熟。这个过程是由外至里的。并且微波炉没有温控装置，不能区分温度，所以不能代替烤箱。

烤箱是利用电热元件发出的辐射热烤制食物的厨房电器（还有一种烤箱是用煤气或天然气的，不在讨论范围之列）。它是由箱体、箱门、电热元件、控温器、定时器和其他功能装置等几部分组成。

电烤箱的箱体一般用钢板制成，当然价格差距悬殊，选用的材料、外观也相差很大，像小的桌上型，很轻很单薄，嵌入式就会比较厚实坚固。烤箱箱体多为双层，便宜点的就是利用两层之间的空气作为隔热，所以隔热效果并不是特别好。烤箱要跟橱柜及墙面留有一定的距离，以免周围被熏黄，就连烤箱本身也最好选用深颜色的。而体积较大和价格较贵的烤箱，两层箱体之间空隙比较大，还会填充些绝热材料做隔温，故隔温和保温的效果都很好。

　　烤箱门多为耐热玻璃，为的是方便在烘烤过程中随时观察食物的状态。较为便宜的烤箱玻璃门和箱体之间的密封性差，多为单层玻璃，而更好的嵌入式的会严密很多，门也多是双层的。

　　烤箱的电热元件常见的有三种：金属管、石英管和卤素管。这三种发热原件，卤素管最为先进，石英管和金属管比较普遍，也有些烤箱是两种发热原件搭配使用的。不同的烤箱其内部的电热元件的布局也不一样，发热管在箱体内布局越均匀越广泛越好。控温器就是控制烤箱温度的，我们通常说很多烤箱有温差就是说控温器都不太准，而且相差50℃以上的也不少见。定时器简单，但也爱坏，很多烤箱的东西烤好了，但是定时器不响，所以自动也变半自动了。

　　烤箱的功能，有带热风循环的，这个一般在烤肉时能用到；还有带蒸汽的，做欧式面包、脆皮比萨最为有利；还有带自洁功能的，只是这个自洁功能再好估计也需要人勤快才行。

　　烤箱的价格从一两百到一两万都有，购买时要看自己家庭的实际情况。烤箱好不一定代表烤出的点心就一定成功，关键还是要看使用的经验。所以大家还是要通过反复实践，了解自己烤箱的特点，掌握烘焙过程中不同的操作状态来提高成功率。

不管你购买什么样的烤箱，都需要满足以下几点才好用：

1. 最高温度能达到 250℃，需要烘烤的食品一般都不超过 250℃，也有能达到 300℃的，那就更好了。

2. 可以定时 60 分钟或更长时间。因为有些点心或肉类需要烤较长时间，能定时 60 分钟或 120 分钟的烤箱在烤制时更方便。

3. 容积在 25 升以上为宜，并且内部有至少三层放置烤盘的位置。因为足够的空间才可以放置比较常用的面包模具，而且相对来说越大容积的烤箱空间内部温度越均匀，还有不同的产品在烘烤时需要放置在上下不同位置。

4. 烤箱有顶部和底部两层加热原件，并且可以分开控制开关，这样有些产品需要单独用上火或下火时也更好控制。

5. 其他的功能并不是越多越好，根据需求够用就行。

6. 从使用上来说，温度相对准确、内部加热均匀、定时器误差小，这样的烤箱就算合格了。

烤箱为什么要预热，如何预热？

所有需要烘烤的食品，都是要求进入烤箱时，烤箱就已经达到了需要的温度。所以预热就是在烘烤食品之前，提前5~10分钟将烤箱打开，把旋钮转到指定的温度，让它空烧一会儿。烤箱不同于微波炉，是可以空烧的。好一点的烤箱，有个温度指示灯，温度达到了，灯就灭了。差一点的，可观察发热管，发热管红了就是在加热，灭了就说明温度达到了。

烤箱的层数有什么用？

烤箱内侧壁有几个横的凹槽或凸起的铁架，是用来架放烤盘或烤网的，如果你的烤箱内能达到5层，这样的凹槽或铁架是最好用的，并不是说我们要同时烘烤5层食品，而是我们可以根据不同的食品，放在烤箱的不同位置，以达到最合适的烘烤状态。通常烤箱有上层、中上层、中层、中下层和下层。至少应该有三层位置才比较好用。

烤箱使用的注意事项：

1.新买来的烤箱，里面的链接零件很多，都是用胶性材料黏合的，所以最好搬回家就空烧20分钟左右，让胶性材料的味道挥发一下，然后简单清洗后再使用。

2.使用烤箱尤其要注意防烫，不要将手碰触到上下加热管，同时拿取热的烤盘也一定要戴手套，还有热的烤盘要放置在防烫的木板、石板或金属材质上，保护桌面等家具也不受烫伤。

3.在烤箱烘烤的过程中，不要打开烤箱门，尤其是烘烤前期，食品的状态不稳定，打开门会导致温度突然下降，影响品质。烘烤后期为了方便检查烘烤状态，可以适当打开烤箱门，打开次数也是越少越好。

4.烤箱每次使用完毕，立即进行清理，将滴落在烤盘、烤箱内的油、水和蛋糕面糊等及时擦拭。如果是烤肉后，更应该趁烤箱温热时用抹布沾温热的洗洁精，将油污擦干净，并打开烤箱门进行放味。

烤箱的烘烤温度和烘烤时间：

每种食品都有一个烘烤时间和烘烤温度，但请记住这只是个参考，因为每个烤箱，也许是不同的品牌之间，也许是同品牌不同型号之间，甚至是同型号的不同个体之间都会存在一些温度的差异，一般上下20℃之内都很常见。所以你要了解自己的烤箱，它的温度是偏高、偏低，还是不高不低，都需要你慢慢摸准它的脾气。还有烘烤时间也要注意，因为烤箱存在温差，所以时间的长短也要做适当的调整。另外烘烤时间与炉里放了饼干的多少、面包的尺寸大小、蛋糕的薄厚都有关系，最好的办法就是初期使用时别怕麻烦，多多观察，等熟悉了烤箱的秉性和多多练习烘焙品种后，这些问题就会迎刃而解了。

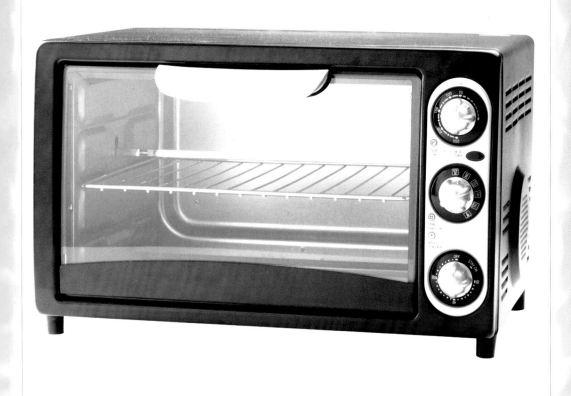

面包制作的基本流程

第一步：选择面粉

做面包需要用高筋面粉，这是面包组织细腻的关键之一。高筋面粉是指面粉中蛋白质含量特别高的面粉，一般为10%~13%。

饺子粉不是高筋面粉——这点需要特别注意。只要稍加注意，就会发现饺子粉的蛋白质含量大多在10%~11%，达不到高筋面粉的标准，属于中筋面粉的范畴。但是，它是中筋面粉中蛋白质含量最高的粉类，在没有高筋面粉的情况下，可以用它代替，作为权宜之计。

如何判断面粉的筋度？有一个最简单的办法：抓一把面粉，用手捏紧成块状，松开手，如果面粉立刻散开，就证明筋度很高。如果面粉还保持为块状，则证明筋度很低。

第二步：面团的搅拌（最重要的步骤之一）

对面团搅拌重要性的理解，有助于你制作出成功的面包！搅拌，就是我们俗称的"揉面"，它的目的是使面筋形成，为了帮助大家理解这个概念，在这里必须说一下面筋形成过程及它在面包制作中所起的作用。

面筋是小麦蛋白质构成的致密、网状、充满弹性的结构。面粉加水以后，通过不断的搅拌，面粉中的蛋白质会渐渐聚集起来，形成面筋，搅拌得越久，面筋形成越多。而面筋可以包裹住酵母发酵产生的空气，形成无数微小的气孔，经过烤焙以后，蛋白质凝固，形成坚固的组织，支撑起面包的结构。

面筋的多少决定了面包的组织是否细腻。面筋少，则组织粗糙，气孔大；面筋多，则组织细腻，气孔小。这也是为什么做面包要用高筋面粉的原因，只有高含量的蛋白质，才能形成足够多的面筋。

要强调的是，只有小麦蛋白可以形成面筋，这是小麦蛋白的特性。其他任何蛋白质都没有这种性质。所以，只有小麦粉可以做出松软的面包。其他黑麦粉、燕麦粉、杂粮粉等等，都无法形成面筋，它们必须与小麦粉混合以后，才可以做出面包。有些烘焙师会使用100%的黑麦粉制作面包，但这种面包质地会十分密实，因为没有面筋的产生，无法形成细腻的组织。

搅拌的过程：

揉面是个很辛苦的工作。为了产生足够多的面筋，我们必须在揉面上花大量的力气。不同的面包需要揉的程度不同。很多甜面包为了维持足够的松软，不需要太多的面筋，只需要揉到扩展阶段。而大部分吐司面包，则需要揉到完全阶段。

什么是扩展阶段和完全阶段？

通过不停的搅拌，面筋的强度逐渐增加，可以形成一层薄膜。取一小块面团，用手抻开，当面团能够形成透光的薄膜，但是薄膜强度一般，用手捅破后，破口边缘呈不规则的形状。此时的面团为扩展阶段。

继续搅拌，到面团能形成坚韧的很薄的薄膜，用手捅不易破裂，即使捅破后破口因为张力也会呈现光滑的圆圈形。此时的面团就达到了完全阶段。

关于各种面包需要揉到哪种阶段，每个方子中都会有说明，根据方子进行操作即可。如果用机械搅拌，则搅拌过度也会是一个常见的情况。面团揉到完全阶段以后，如果仍继续搅拌，面筋会断裂，面团变软变塌，失去弹性，最终会导致成品粗糙。因此应该尽量避免搅拌过度。

如果是手工揉面，有没有什么技巧？

每一个人在揉面过程中，都会形成自己的技巧。以前没有搅拌机的时候，面包师是将面团放在石台上，将身体贴近石台，用身体和臀部的力量帮助揉面。家庭制作不需要揉大量的面团，则会轻松许多。揉面的力度与速度是关键。加快揉面速度往往可以使揉面时间大大缩短。此外，还可以使用摔、打、擀等方式。

有些配方的面团含水量十分大，非常黏手，用手揉是十分困难的。这时候可以借助擀面杖来搅拌，但会非常费力气。因此，即使你喜欢并且坚持用手揉面，但买一个面包机也是有必要的。

第三步：面团的发酵（最重要的步骤之二）

发酵是一个复杂的过程。简单地说，酵母分解面粉中的淀粉和糖分，产生二氧化碳气体和乙醇。二氧化碳气体被面筋所包裹，形成均匀细小的气孔，使面团膨胀起来。

发酵需要控制得恰到好处。发酵不足，面包体积会偏小，质地也会很粗糙，风味不足；发酵过度，面团会产生酸味，也会变得很黏，不易操作。

一次发酵、中间发酵与二次发酵：

除非时间非常仓促，我们可以搅拌好面团，整形进行一次发酵后烤焙，其他时候，都需要进行二次发酵。因为只经过一次发酵的成品，无论组织和风味都无法和二次发酵的成品相提并论。

长时间的发酵会增加面包的风味，因此有些配方使用冷藏发酵，通过低温长时间发酵，得到绝佳口感的面包。但冷藏发酵有一个缺点，就是发酵时间不易控制，容易导致发酵过度或者发酵不足。如今这个缺点有了解决的办法，那就是将冷藏发酵与二次发酵法结合，单纯的冷藏发酵方法则不再使用。

第一次发酵，怎么判断已经发酵好了呢？普通面包的面团，一般能发酵到2～2.5倍大，用手指粘面粉，在面团上戳一个洞，洞口不会回缩(如果洞口周围的面团塌陷，则表示发酵过度)。发酵的时间和面团的糖油含量、发酵温度有关系。一般来说，普通的面团，在28℃的时候，需要1个小时左右即可完成发酵。如果温度过高或过低，则要相应缩短或延长发酵时间。

第一次发酵完成后，我们需要给面团减减肥。把变胖的面团排气，让它重新"瘦"下来，然后分割成需要的大小，揉成光滑的小圆球状，进行中间发酵。

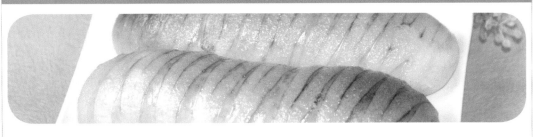

中间发酵，又叫饧发。这一步的目的是为了接下来的面团整形。因为如果不经过饧发，面团会非常难以伸展，给面团的整形带来麻烦。中间发酵在室温下进行即可，一般为15分钟。

中间发酵完成后，我们可以把面团整形成需要的形状。这也是非常重要的一步，直接决定了做出来的面包是否漂亮。每款面包的整形方法都不相同，可以根据方子来操作。要注意的是，整形时候一定注意将面团中的所有气体排出，只要有气体残留在面团中，最后烤出来的面包就会变成大的空洞。

第二次发酵，又叫最后发酵，一般要求在38℃左右的温度下进行。为了保持面团表皮不失水，同时要求具有85%以上的湿度。工业制作有专门的发酵箱，而家庭制作不具备这样的条件，因此，我们只能退而求其次，尽力创造类似的环境：将面团在烤盘上排好后，放入烤箱，在烤箱底部放一盘开水，关上烤箱门。水蒸气会在烤箱这个密闭的空间营造出需要的温度与湿度。使用这个方法的时候，需要注意的是，当开水逐渐冷却后，如果发酵没有完全，需要及时更换。

最后发酵一般在40分钟左右，发酵到面团变成两倍大即可。

第四步：烤焙

烤焙之前，为了让烤出来的面包具有漂亮的色泽，我们需要在面包表面刷上一些液体。这些液体有水、牛奶、全鸡蛋液、蛋水液或者蛋黄液。根据不同的液体，烤焙出来的效果也不相同。比如水，主要用来刷硬皮面包的表面；而全鸡蛋液，则适合大部分甜面包。

将最后发酵好的面团入炉烤焙的时候，要注意千万不要用力触碰面团，这个时候的面团非常柔软娇贵，轻微的力度也许就会在面团表面留下难看的痕迹，要加倍小心。

烤焙的时候，根据食谱给出的温度与时间操作即可。注意观察，不要上色太深，影响外观。

第五步：面包的保存

很多人可能都忽略了这一点。刚出炉的面包非常松软，但是如果保存不当，就会变硬。其实，只要经过正确的步骤做出来的面包，都能维持相当长一段时间的松软，如果你的面包在几个小时以后就变硬了，也许该想想是不是制作方法上出了问题。

面包一般室温储藏即可。如果你想保留较长时间，可以放入冰箱冷冻室，想吃的时候，拿出来回炉烤一下即可恢复松软。但是千万不要放入冷藏室！冷藏室的温度会使面包中的淀粉加速老化，极大缩短面包的保存期。

烘焙面包整形的基本手法

整形一共有共16种手法，在制作面包时都可以用到。

1.滚：主要是使面团气泡消失，面团富有光泽，内部组织均匀，形态完整。

2.包：将面团轻轻压扁，底部朝上，然后将馅料放在中间，用拇指与食指拉取周围面团包住馅料。

3.压：将松弛（中间发酵）好的面团底部朝下，四指并拢轻轻地将面团压扁（主要配合包馅的需要）。

4.捏：以拇指与食指抓住面团的动作即捏。面团包入馅料后，必须用捏的方法把接口捏紧。

5.摔：手抓住面团用力地摔在桌面上，而手依然拉住部分的面团，这个动作即摔。

6.拍：四指并拢在面团上面轻轻拍打，使面团中的气泡消失。

7.挤：以并拢的四指尖用半卷半挤的方式，将面团作成棒型或橄榄型，此手法为挤。

8.擀：手持擀面杖将面团擀平或擀薄的方法称为擀。

9.折叠：将擀平或擀薄的面团，以折叠的方式操作，使烤好的面包呈现若干层次的一种方法（大多用于制作丹麦面包）。

10.卷：将擀薄的面团从头到尾用手以滚动的方式、由小至大地卷成圆筒状的动作即为卷。

11.拉：使面团加宽、加长，以配合整形需要的一个小动作。

12.转：以双手抓住面团的两端，朝相反的方向扭转，使面包造型更富于变化。

13.搓：运用手掌的压力，以前后搓动的方式，让面团滚成细长状的一种方法。

14.切：切断面团，做出各种形状。

15.割：在面团表面划上裂口，但没有切断面团的方法称为割。

16.摏：以手掌的拇指球部位大力摏打在成型中的面团，将面团中的气体排出，使成型好的面包接口粘紧，更为结实，增加面团的发酵胀力，促进面包烘烤弹性。

面包烘焙常见问题

在面包的制作过程中，我们常会遇见这样或那样的问题，在这里总结如下，希望对你有所帮助。

1.问：酵母正确使用量为多少？

（1）包装上如果载明2%，就是使用5~6克（面粉量的2%，例如面粉重280克，280X0.02=5.6克）。第一次使用就按照这个分量，然后依照烘烤出来的情况，再看看是否要修正酵母的用量。

（2）如果孔洞太多、组织粗糙，那就是量太多，可以减少1/3再试试。

（3）每一次换了牌子都要这样试过，才能找到最适合的使用分量。

2.问：为什么面包发酵不好？

（1）使用酵母过期或用量不足。

（2）搅拌过度或搓揉甩打不足。

（3）糖的分量太大，导致渗透压过高而抑制酵母的活动力。一般面包中糖的使用量不要超过面粉量的18%。

（4）盐的量太多，抑制了酵母的活动力。

（5）温度过低，使酵母发挥活动力的适宜的温度是28℃~30℃。

（6）面团水分太多，太过湿黏。

3.问：为什么面包进烤箱烤后会塌陷？

（1）搅拌不足或搅拌过度，使得面筋断裂无法撑起来。

（2）面包发酵中温度过低，导致发酵不良。

（3）发酵时间过长，使得酵母活力不足。

4. 问：面包组织太干的原因是什么？

（1）水量及油脂添加不足。

（2）发酵时间过长，保湿不够。

（3）搅拌不足，面团发酵不够。

（4）整形时手粉用得太多。

5. 问：为什么面包烤出来，表面会太厚太干硬？

（1）炉温太低，烤得时间太长。

（2）油脂或糖的量太少。

（3）面团发酵过度。

（4）最后发酵没有完成，面团发得不够，面团保湿不够。

6. 问：为什么面包要经过长时间发酵？

发酵是让面团中的酵母菌有足够的时间作用于面团。面包会有弹性又有孔洞，就是因为面粉中的蛋白质结合成面筋，所以会出现薄膜，再经由酵母菌作用后释放出二氧化碳，充满整个面团，这样面包就会有蓬松的孔洞。而酵母菌一定要有足够的时间作用于面团，所以面包的发酵至少需要有 1 个小时的时间。

7. 问：吐司为什么都发不满模？

卷吐司的时候要注意，轻轻卷起，千万不要紧压，让面团保有弹性。因为吐司是被限制在狭小的空间，压太紧的面团底部就容易发不起来。而且第二次发酵必须稍微加温，帮助酵母发挥活力。最好将吐司模放到密闭空间，旁边再放杯热水，帮助提高湿度，这样可以让发酵过程更顺利。如果做了这些操作，还是发得不好，酵母的分量就必须增加 1/3 再试试。

8. 问：为什么面团整形的时候会回缩？

整形时面团会回缩，代表松弛的时间不够。可以盖上拧干的湿布，再让面团休息 5 ~ 10 分钟，应该就会比较好操作。松弛的目的是让面团在整形的时候更好操作，如果没有这个程序，擀开的时候都会比较困难，面筋张力会让面团回缩。

9. 问：为什么做欧式面包要在烤箱中加一杯沸水？

欧式面包通常外层会带有脆壳，就是用蒸汽烤箱在烘烤中制造水蒸气，所以在家里烘烤面包时，放一杯沸水在烤箱中，并用喷壶往面包表面喷洒一些水，这样可以帮助制造水蒸气，达到皮脆内软的效果。

10. 问：搅打面团的最佳温度为多少度？

搅打面团最适合的温度是28℃左右。因为面团搅拌过程中温度会升高，天气很热的话（30℃以上），可以将配方中的液体改为冰水或冰块，从而调节面团的温度。冬天的话就需要将液体回温甚至要微微加温才比较好。

11. 问：面团搓揉搅打太久是否不好？

如果面团搅打过度，会造成面筋断裂，反而是反效果。所以在甩打的时候接近薄膜时就要很注意面团的状况，不时捏一块面团测试一下薄膜的程度。打到差不多有透光的感觉就好了，也不用刻意一定要有非常薄的膜。通常做久了，打的时间就会抓得比较准，可以用定时器计，时间到就测试一下。在面团搓揉搅打过程中，即使没有到达非常薄膜的程度，也注意不要搅打过度，否则会造成面筋断裂。

12. 问：为什么有时会打出糊糊状面团？

面团越打越黏，可能是一开始水加太快了，水量如果一开始不要全加，等到搅拌过程中再慢慢加，让面粉慢慢吸收水分，就不会出现这样的状况。如果一开始就把水全部加入进去，面粉还来不及吸收水分，不管后来怎么加粉都还是又黏又糊，烤出来的面包也因为粉加太多而口感变差。如果天气实在太热，把配方中的水改成冰块或冰水也会好些，不过要养成一个习惯，任何配方中的液体部分，都一定先保留一些慢慢地加，面团就不会打到糊状了。

13. 问：面包表面一直没有烤上色的原因是什么？如何确定面包已经熟了？

（1）发酵过头——时间过长。

（2）没有刷全鸡蛋液——表面不容易有光泽。

（3）烤温太低——将烤温加高10℃。

（4）时间还不够——再多烤3~5分钟。

（5）糖量较少——例如无糖无油的法国面包就要多烤一些时间。

如果面包烘烤上色不成功，请先看看是不是以上这几个原因造成的。因为每家的烤箱都会有温度差，书上的内容只是一个参考，所以每一次烘烤都要记录。依据自己实际做出来的成品进行修正，找出自己烤箱的实际温度。面包如果是正常的发酵，基本上要烤到表面完全金黄色才是最佳出炉时间。

14. 问：面包最后划线如何才能划得漂亮？

准备一把锋利薄刃的小刀，刀上抹油，每划一道后都要把刀上粘的面团清除，再抹油再划线，划的时候不要犹豫。也可以使用美工刀，使用前及使用后清洗干净，并涂抹上一层油脂防锈。

15. 问：为什么面包烤好后，放凉没多久，面包就回缩、皱皮了？

烤出来的面包放凉，如果稍微缩一点是正常的，如果缩得很厉害就是内部没有烤透。就跟烤蛋糕一样，一定要烤到内部组织都定型，出炉才不会缩或是皱皮。一般来说，面包还在膨胀的时候不会上色，如果面包开始上色就表示内部温度已经开始升高，酵母也不再起作用。如果颜色达到金黄色，那就表示烘烤完成可以出炉。所有食谱的温度、时间都是参考值，一定要以自己烤箱的温度、时间为准。

16. 问：为什么自己家中做出来的面包没有外面面包店的好吃？

影响面包成品的因素比较复杂，包括温度、湿度、面团黏度等等。任何一个环节若是没有做好，都有可能影响面包的柔软度。同一个配方多试几次，才容易找到重点。冬天天气冷，面团需要比较高的温度，酵母的量可以比夏天稍微多加一点。

面团饧发的时候也需要放在密闭空间，旁边随时加一杯沸水，帮忙提高温度，也可以延长一些发酵的时间，这样都会让面团发得更好。自己做的面包因为没有加乳化剂或改良剂，所以一定没有办法像面包店的面包，放个两三天都不老化。但是只要确实打出薄膜，而且添加鸡蛋、牛奶等帮助柔软的材料，发酵也都发得不错，自己做出的面包成品应该都会有一定的柔软度。

一般来说只经过一次发酵做的面包会比较容易老化，经过中间发酵或二次发酵做的面包可以延缓老化。如果面团中加入土豆、地瓜、米饭、山药等材料，面包也会比较柔软。如果面包已经老化，向已经预热到150℃的烤箱中喷一点水，烘烤5~6分钟，面包就像刚出炉的一样好吃了。

17.问：面包配方中的水温如何控制？

冬天天气冷，为了提高酵母活动力，可以将配方中的液体微微加温到体温的程度（35℃~40℃），以帮助酵母发酵得更好；而夏天天气热，有时候必须使用冰水延缓因搓揉甩打升高的面团温度。气温与湿度对做面包影响非常大，所以必须依不同的情况用不同的水温。

18.问：低温发酵的面团过程如何？

如果要做低温发酵的面团，面团揉好放入盆中，喷一些水，套上塑料袋密封，放冰箱冷藏，放一夜应该都可以饧发到两倍大。如果要饧发更久（超过20小时），就必须用塑料袋装然后扎紧（塑料袋抹一点油才不会黏），不要留太多空隙，这样面团就不会饧发到有酸味。面团放冰箱可以延缓发酵，但是放进冰箱前一定要在面团上喷些水，然后套上塑料袋，完全密封，不要使面团直接接触到冰箱。因为冰箱是一个大的脱水机，面团一旦表面干燥，发酵就会受影响。从冰箱拿出来后要记得静置40～60分钟（时间视气温而定），因为酵母在冰过之后会暂时休眠，让面团恢复室温再开始整型。

19.问：为什么包馅的面包容易爆浆？

（1）收口没有捏紧。

（2）面团太干。

（3）整形的时候有太多面粉粘到面团。

（4）面皮周围粘到内馅的油脂。

20.问：冬天天气冷，做面包需要注意的事情？

冬天做面包，比较费时费力，一开始要加入的液体可以微微加温（手摸不烫的程度，约35℃）。最好可以准备一个保丽龙箱（夏天卖棒冰的小贩都会用的泡沫箱）。面团放到保丽龙箱中，箱子里再放杯热水，这样就可以帮忙提高温度、湿度，面团自然饧发得好。如果没有保丽龙箱，就利用家中的微波炉来作为发酵箱。将准备发酵的面团放进微波炉中，里面再放一杯热水（水冷了随时换），这样也可以让面包饧发得更好。

面包保质期和保存方法详解

1. 调理面包（如肉松火腿面包、热狗面包、汉堡包、玉米火腿沙拉包）

保质期：1天。

这类面包的保质期是最短的，使这类面包很快变质的原因并不是淀粉的老化，而是馅料（肉类、蔬菜）的腐败。

热加工的调理面包（即面包里的肉类是和面团一起整形放进烤箱去烤的）即使放进冰箱冷藏，保质期也不会超过一天（淀粉的老化），而且极大损伤了口感，因此室温保存即可。

冷加工的调理面包（即面包里的肉类是在面包出炉冷却以后再夹进去的，比如三明治面包、一些沙拉面包）必须放进冰箱冷藏，才能有1天的保质期，放在室温下保质期不超过4个小时。这类面包如果不是立即吃掉，还是冷藏为宜。

2. 一般甜面包、吐司面包（不含馅，如奶香土司、罗松甜面包、花式牛奶面包）

保质期：2~3天。

甜面包的保质期相对较长，在保质期内，面包的口感基本上能保证不发生大的变化，即面包依然会比较松软（前提是你的面包真地做好了）。

3. 含馅面包、含馅吐司（如豆沙卷面包、火腿奶酪吐司）

保质期：1~3天。

虽然都含馅料，但必须分开来看。含耐储存的软质馅料（如豆沙馅、椰蓉馅、莲蓉馅）的面包，可以储存2~3天；含肉馅（如鸡肉馅）的面包，只能储存1天。

4. 丹麦面包（如牛角面包、丹麦葡萄卷）

丹麦面包的保质期较长，3~5天。但请注意，如果是带肉馅的丹麦面包（如金枪鱼丹麦面包）保质期同样只有1天。

5. 硬壳面包（如法棍）

保质期：8个小时。

硬壳面包最吸引人的便是它硬质的外壳。但在出炉后，面包内部的水分会不断向外部渗透，最终会导致外壳吸收水分变软。超过8个小时的硬壳面包，外壳会像皮革般难以下咽。即使重新烘烤，也很难回复刚出炉的口感。注意：硬壳面包的保存不能放入塑料袋，而要放入纸袋。

面包的品质鉴定

面包外表的品质鉴定一般从体积、表皮颜色、外表样式、烘焙均匀度、表皮质地等五个方面进行。

1. 体积

面包是一种发酵食品，它的体积与使用原料的好坏、制作技术的正确与否有很大的关系。面包由生面团至烤熟的过程中必须经过一定程度的膨胀，体积膨胀过大，会影响内部的组织，使面包多孔而过于松软；体积膨胀不够，则会使组织紧密，颗粒粗糙。

2. 表皮颜色

面包表皮颜色是由于适当的烤炉温度和配方内能发生焦糖化作用和褐色作用原料的使用而产生的。正常的表皮颜色是金黄色，顶部较深而四边较浅，不该有黑白斑点的存在。正确的颜色不但使面包看起来漂亮，而且能产生其特有的烧烤香味。如果表皮颜色过深可能是炉火温度太高，或是配方作用等；如果颜色太浅，则多属于烧烤时间不够或烤箱温度太低，也可能是由于配方中使用的上色作用的原料比如糖、奶粉、蛋等太少，或基本发酵时间控制不良等原因。因此，面包表皮颜色的深浅与否，不但影响面包的外观，同时也反映面包的品质。

3. 外表样式

面包的样式不仅仅是顾客选择的焦点，而且也直接影响内部的品质。一般要求成品的外形端正，大小一致，体积大小适中，并符合成品所要求的形状。

4. 烘焙均匀度

这是指面包表皮的全部颜色而言，上下及四边颜色必须均匀，一般顶部应较深，四周颜色应较浅。

5. 表皮质地

良好的面包表皮应该薄而柔软，不应该有粗糙破裂的现象。一般而言，配方中油和糖的用量太少会使表皮厚而坚韧；发酵时间过久会产生灰白而破碎的表皮；发酵不够则产生深褐色、厚而坚韧的表皮。烤箱的温度也会影响表皮质地，温度过低会造成面包表皮坚韧而无光泽；温度过高则表皮焦黑且龟裂。

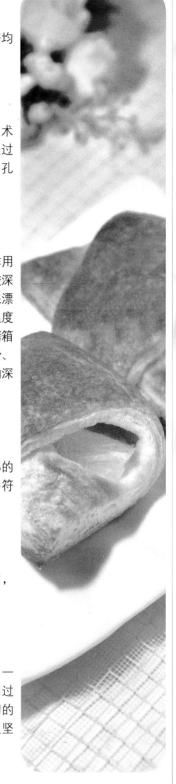

面包内部的品质鉴定一般从颗粒状况、内部颜色、香味、味道、组织与结构等五个方面进行。

1. 颗粒状况

面包内部的颗粒状况要求较细小，有弹性并柔软，面包切片时不易碎落。

2. 内部颜色

面包内部颜色要求呈洁白色或浅乳白色，并有丝样的光泽。

3. 香味

面包的香味是由外表和内部两个部分共同产生的。外表的香味是由褐色作用及焦糖化作用产生，并与面粉本身的麦香味形成一种焦香的香味。面包内部的香味是靠面团发酵过程中所产生的酒精、酯类及其他化学变化，综合面粉的麦香味及使用的各种材料形成的。评定面包内部的香味，是将面包的横切面放在鼻前，用双手压迫面包以嗅其发出的气味，正常情况下除了面包的香味外，不能有过重的酸味，不可有霉味、油的酸败味或其他怪味。

4. 味道

各种面包由于配方不同，入口咀嚼时味道也各不相同，但正常的面包入口应很容易嚼碎，而且不黏牙，没有酸味和霉味。

5. 组织与结构

这与面包的颗粒状况有关。一般来说，内部的组织结构应该均匀，切片时面包屑越少则说明组织结构越好。如果用手触摸面包的切割面，感觉柔软细腻，即为组织结构良好，反之感觉到粗糙且硬，即为组织结构不良。

第二章
主食面包

第一章
面包基础知识

第二章
主食面包

第三章
点心面包

主食面包小课堂

顾名思义，主食面包是作主食的面包，食用时往往佐以菜肴。这类面包的用料比较简单，主要有面粉、酵母、盐和水。各种原料的不同配比可以制作出风味特色多样的主食面包。为适应不同的需要，主食面包中还可添加适量的牛奶、奶油或糖等配料。主食面包的形状多样，有半球形、长方形、棍子形和橄榄形等，其表面一般不刷鸡蛋液，呈棕黄或褐黄色，稍有亮光，味微咸或者咸甜适口。主食面包的质感迥异，可分为脆皮型、软质型、半软质型、硬质型四类。

脆皮型面包具有表皮脆而易折断、内心较松软的特征。原料配方较简单，只含有面粉（高筋面粉）、盐、酵母和水（或牛奶）。在烘烤过程中，需要向烤箱中喷水，使烤箱中保持一定湿度，有利于面包体积膨胀爆裂和表面呈现光泽，以达到皮脆质软的要求。脆皮型面包有家常面包、法式长棍、罗宋面包等品种。

软质型面包具有组织松软而富弹性、体积膨大、口感柔软等特点。所用原料除面粉、盐、酵母外，有的还添加了鸡蛋、乳粉、白糖、油脂等成分，面团含水量比脆皮型稍多些。一般来说，凡是用模具烤出来的面包，不管其配方如何都可列为软式面包，因为此类面包要求形态漂亮、组织细腻，而且进炉后需要良好的焙烤弹性，故其配方中所使用的水分应较其他一般面包要多一些，在搅拌面团时也必须使面筋充分地扩展，发酵时间必须适当。软式面包的种类很多，包括吐司面包、三明治面包、圆顶面包、全麦面包、葡萄干面包、热狗、汉堡包等。

硬质型面包又称硬式面包。硬质型面包其特点是组织紧密、细致、结实，有空洞，少颗粒，有韧性而并不太硬，用手折整条面包很容易断开，含水量低，保质期较长，经久耐嚼。硬质型面包表皮应该是脆的，而不仅仅是硬的，内部应是软的而不是硬的。

脆皮型面包

法式面包

原料：

高筋面粉 400 克，低筋面粉 100 克，酵母 5 克，水 225 毫升

制作方法：

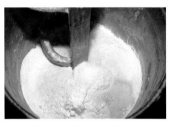

1. 将高筋面粉、低筋面粉、酵母依次加入搅拌机内慢速拌匀。

2. 把水慢慢加入搅拌机内搅拌。

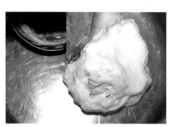

3. 中速搅拌成面团（约4分钟，面团温度28℃）。

4. 取120克/个的面团松弛15分钟。

5. 把松弛好的面团用擀面杖擀开。

6. 将其由上向下卷入，捏紧收口成橄榄形。

7. 搓成长条状。

8. 把造型好的半成品摆入烤盘内，放入发酵箱内发酵90分钟。

9. 把发酵好的半成品取出，用戒刀在表面划四刀，入烤箱，以上火200℃、下火140℃的温度烘烤25分钟，熟透后出炉。

> **家庭烘焙要领**
>
> 在准备把烤盘送进烤箱之前，用喷雾器或浇花喷壶在烤箱里面喷点水，然后立刻关上门。这样能增加炉内的蒸汽，让面包表面烤出一层漂亮的外皮。将面包放进烤箱，在开始烘制的1分钟之内再给烤箱壁上喷两次水。

29

芝麻法包

 原料：

高筋面粉400克，低筋面粉100克，
酵母6克，盐5克，水325毫升，
黑芝麻、白芝麻各适量

制作方法

1. 将高筋面粉、低筋面粉、酵母、盐、水放入搅拌机内慢速拌匀。

2. 转中速搅拌成面团（约4分钟，面团温度28℃）。

3. 盖上薄膜，常温下发酵30分钟。

4. 发酵完成后将面团分割成120克一份。

5. 轻轻卷成棍形，盖上薄膜松弛30分钟。

6. 松弛后用手掌拍扁排气。

7. 将面团由上而下卷成圆形。

8. 表面粘上黑芝麻和白芝麻。

9. 排入烤盘，放进发酵箱做最后饧发，温度为35℃，湿度为80%。

10. 饧发至原体积的2.5倍左右。

11. 表面轻轻划一刀，入烤箱，以上火200℃、下火180℃的温度烘烤约20分钟。

家庭烘焙要领

烤前喷水可以使面包表皮变脆。法棍面包作为主食，可以将其切片后再加入大蒜、罗勒等进行调味，然后涂抹黄油再烘烤至酥脆食用；也可以蘸食西餐汤汁。

燕麦法包

原料

高筋面粉 400 克，低筋面粉 100 克，酵母 6 克，盐 5 克，水 325 毫升，燕麦片适量

制作方法

1. 将高筋面粉、低筋面粉、酵母、盐、水放入搅拌机内慢速拌匀。

2. 转中速搅拌成面团（约 4 分钟，面团温度 28℃）。

3. 盖上薄膜，常温下发酵 30 分钟。

4. 发酵完成后将面团分割成 120 克一份。

5. 轻轻卷成棍形，盖上薄膜松弛 30 分钟。

6. 松弛后用手掌拍扁排气。

7. 将面团由上而下卷成圆形。

8. 表面粘上燕麦片。

9. 排入烤盘，放进发酵箱做最后饧发，温度为 35℃，湿度为 80%。

10. 饧发至原体积的 2.5 倍左右。

11. 表面轻轻划一刀，入烤箱，以上火200℃、下火180℃的温度烘烤约20分钟。

家庭烘焙要领

此款面包含水量比较大，建议用面包机或专门的搅拌机来揉面。因为面团不含油脂、糖和蛋的成分，比较不容易上色，所以烘烤的温度也比其他软面包略高。

地中海面包

 原料:

高筋面粉 400 克，低筋面粉 100 克，酵母 6 克，盐 5 克，水 325 毫升，细糖粉适量

制作方法

1. 将高筋面粉、低筋面粉、酵母、盐、水放入搅拌机内慢速拌匀。

2. 转中速搅拌成面团（约 4 分钟，面团温度 28℃）。

3. 第一次发酵到原来的两倍大，用手轻轻将面团挤压排除气泡。

4. 取出面团分成所需的份数，揉成圆形，进行 15 分钟的中间发酵。

5. 将发酵好的面团压平，用擀面杖擀成比较扁的椭圆形，由上至下将两边稍微往里收，卷好后，收口，搓成圆形面团。

6. 将整好形的面团放入烤盘，进行最后发酵至两倍左右，时间约 35 分钟。

7. 用利刀在面团表面划出网格状，喷水。

8. 生坯表面筛上面粉，烤箱预热，置中层，以上下火 190℃ 烘烤 20 分钟。

9. 期间隔 5 分钟往烤箱内壁喷一次水。

10. 面包上色即可出炉，取出放凉，表面撒上细糖粉。

> **家庭烘焙要领**
>
> 一般习惯先把干酵母溶于湿性材料中，比如水、牛奶等，等到酵母全部溶化后再加入其他材料中（步骤 1 遵循此原则）。建议喜欢在家里做面包的人可以考虑买一台面包机，这样就可以将揉面这道程序交给面包机来完成。

短法包

原料

高筋面粉 200 克，低筋面粉 50 克，水 160 毫升，细砂糖 5 克，无盐黄油 5 克，盐 5 克

制作方法

1. 将除黄油外的所有材料倒入面包机桶内进行和面。

2. 20分钟后，将黄油放入，继续揉面。

3. 第一次发酵到原来的两倍大，用手轻轻将面团挤压排除气泡。

4. 取出面团分成所需要的份数，揉成圆形，进行15分钟的中间发酵。

5. 将发酵好的面团压平，用擀面杖擀成比较扁的椭圆形，由上至下将两边稍微往里收，卷好后，收口，搓成长柱形面团。

6. 将整好形的面团放入烤盘，进行最后发酵至两倍左右，时间约35分钟。

7. 用利刀在面团表面划出几条斜道，喷水。

8. 生坯表面筛上面粉，烤箱预热，置中层，以上下火190℃烘烤20分钟。

9. 期间隔5分钟往烤箱内壁喷一次水。

10. 面包上色即可出炉，取出放凉。

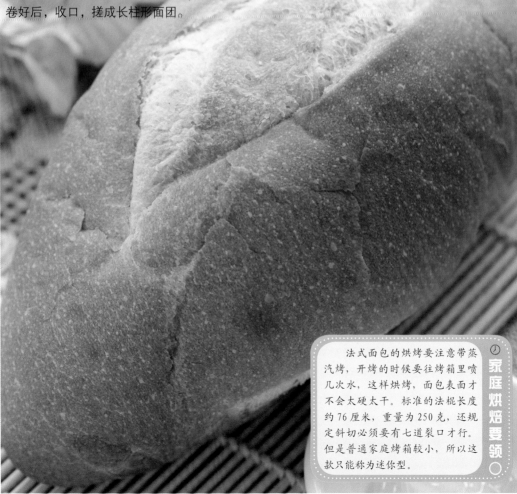

家庭烘焙要领

法式面包的烘烤要注意带蒸汽烤，开烤的时候要往烤箱里喷几次水，这样烘烤，面包表面才不会太硬太干。标准的法棍长度约76厘米，重量为250克，还规定斜切必须要有七道裂口才行。但是普通家庭烤箱较小，所以这款只能称为迷你型。

燕麦核桃小法包

 原料：

高筋面粉 400 克，低筋面粉 100 克，酵母 6 克，盐 5 克，水 325 毫升，燕麦片、核桃粉各适量

制作方法

1. 将高筋面粉、低筋面粉、酵母、盐、水、核桃粉放入搅拌机内慢速拌匀。

2. 转中速搅拌成面团（约 4 分钟，面团温度 28℃）。

3. 盖上薄膜，常温下发酵 30 分钟。

4. 发酵完成后将面团分割成 150 克一份。

5. 轻轻卷成棍形，盖上薄膜松弛 30 分钟。

6. 松弛后用手掌拍扁排气。

7. 将面团由上而下卷成小椭圆形。

8. 表面粘上燕麦片。

9. 排入烤盘，放进发酵箱做最后饧发，温度为 35℃，湿度为 80%。

10. 饧发至原体积的 2.5 倍左右即可。

11. 入烤箱，以上火 200℃、下火 180℃的温度烘烤约 20 分钟。

家庭烘焙要领

面包放在烤箱内的位置也因制作面包的大小而有所不同。一般来说，薄片面包放上层，中等面包放中层，吐司等较大的面包需要放在烤箱中下层，才能保证上下受热均匀，必要时可以加盖锡纸以免上色过重。

蒜香法式面包

 原料

高筋面粉 400 克，低筋面粉 100 克，酵母 5 克，水 225 毫升，黑芝麻、蒜泥各适量

制作方法

1. 将高筋面粉、低筋面粉、酵母依次加入搅拌机内慢速拌匀。

2. 把水慢慢加入搅拌机内搅拌。

3. 中速搅拌成面团（约 4 分钟，面团温度 28℃）。

4. 取 50 克 / 个的面团松弛 15 分钟。

5. 把松弛好的面团用擀面杖擀开。

6. 将其由上向下卷入，捏紧收口成橄榄形。

7. 表面粘上黑芝麻，摆入烤盘内，放入发酵箱内发酵 90 分钟。

8. 把发酵好的半成品取出，在表面中间切一刀，展开切口，挤上蒜泥。

9. 入烤箱，以上火 200℃、下火 140℃的温度烘烤 25 分钟，熟透后出炉。

> **家庭烘焙要领**
>
> 粘黑芝麻时一定要粘得均匀。

软质型面包

红豆吐司

原料

高筋面粉 500 克，酵母 5 克，水 225 毫升，糖 100 克，鸡蛋 50 克，盐 5 克，酥油 50 克，红豆馅适量

制作方法

1.将高筋面粉、糖、酵母、盐依次加入搅拌机慢速搅拌均匀。

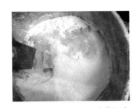

2. 加入鸡蛋和水慢速拌匀，转中速搅拌至面筋展开。

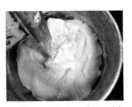

3. 加入酥油，慢速拌匀后转中速。

4. 完成后的面团表面光滑，可拉出薄膜状。

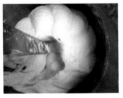

5. 慢速搅拌 1 分钟，令面筋稍作舒缓。

6.面团搅拌完成后，温度在26℃~28℃，松弛15分钟。

7. 把松弛好的面团取出，用手掌压扁，将红豆馅放中间。

8. 把馅料包入，捏紧收口成圆形。

9. 用擀面棍擀薄成长方形状，用戒刀在尾端切出线条。

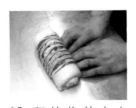

10. 翻转将其由上而下卷起，捏紧收口，摆入烤盘，放入发酵箱内发酵90分钟，入烤箱，以上火150℃、下火200℃的温度烘烤30分钟，熟透后取出。

家庭烘焙要领

将整好形的面团放在烤盘中（如步骤10），烤盘中要铺油纸或油布，以免粘连。整好形的面团要进行最后发酵，这一步非常关键。比较专业的做法是将整好形的面团放发酵箱中，我们在家中可以用烤箱代替发酵箱，具体做法是先将烤箱温度调至100℃，时间为10分钟，里面放上一盆热水，等烤箱关火后将面团放入，注意热水不要取出，直至面团发至两倍大，即可取出烘烤。

金砖吐司

原料：

高筋面粉 390 克，低筋面粉 100 克，奶粉 30 克，细砂糖 40 克，盐 5 克，酵母 12 克，鸡蛋 50 克，水 245 毫升，无盐黄油 40 克，片状黄油 230 克

制作方法

1. 将除无盐黄油和片状黄油外的全部材料混合搅拌，搅拌至面团表皮细腻光滑不粘面盆。

2. 加入无盐黄油，继续搅拌，面团搅拌至可以拉出大片薄膜状。表面盖湿布静置松弛发酵约20分钟。

3. 取出面团擀成长圆形后表面覆盖保鲜膜，放入冰箱冷冻松弛20分钟。

4. 取出面团擀成中间厚两边薄的形状，中间放上准备好的片状黄油。

5. 将两侧的面团向中间折叠盖住片状黄油，用手捏紧封口部位，以避免擀制时漏油。

6. 用擀面杖轻压面团表面以测试中间包裹的黄油软硬，以便面团擀开。

7. 将包裹片状黄油的面团擀成长方形，两边向中间对折，然后折叠，就像叠被子一样。

8. 第一次4层折叠完成，面团表面覆盖保鲜膜，入冰箱冷却松弛15～20分钟。

9. 取出面团后再次用擀面杖擀长，然后做一个三折折叠后再次入冰箱冷却松弛15～20分钟。

10. 再次取出面团，擀成长方形，再做一个三折折叠后放入冰箱松弛冷却15～20分钟。

11. 取出后擀成长方形，用刀裁掉四周边角后得到一个约30厘米X22厘米的长方形面片。

12. 按每刀间距约1.2厘米裁成三条一个（两刀不断，一刀断）共三块（横板模用），或按间距约0.9厘米裁成三条一块共三块（竖版模用）。

13. 将三条侧面翻转过来（切面朝上）后交叉编织，编成辫子状，面团尾部捏紧收口，将面团两头对折，捏紧收口，整形完成，其他以此类推。

14. 一个模具里放三块后表面覆盖保鲜膜，放温暖处最终发酵，发酵至九分满后盖上盖子入烤箱。

15. 烤箱180℃预热，放中下层，40分钟烘烤完成，取出脱模。

> **家庭烘焙要领**
>
> 步骤4中的片状黄油要事先软化成和面团软硬一致的状态。烤好的面包取出后要马上从烤盘中取出，放在烤架上，不然水蒸气会将烤好的面包底部变软，影响面包的口感。

椰皇吐司

原料

面团：高筋面粉270克，鸡蛋25克，水150毫升，糖40克，盐3克，黄油15克，酵母3克

椰皇馅：黄油70克，糖50克，鸡蛋25克，奶粉40克，椰丝70克

制作方法

1. 将除黄油外的材料混合搅拌均匀。

2. 揉至稍光滑后将15克黄油放入，揉成面团。

3. 将面团放入涂了一点油的保鲜袋里，扎好口。

4. 放温暖处发至2.5倍大。

5. 制作椰蓉馅：黄油室温软化，加入糖搅匀，再加鸡蛋搅匀，放入椰丝和奶粉，拌匀备用。

6. 发好的面团取出排气，分成两等份，放一边松弛15分钟。

7. 松弛好的面团擀成比较宽的长舌状，表面抹上椰蓉馅。

8. 再由上往下卷成圆柱，中间深切一刀（不用切断）。

9. 两头向中间卷进去（像卷花卷一样）即可。

10. 卷好的面团整齐排放在吐司模里，再放到温暖处发至九分满。

11. 烤箱预热180℃，最下层用烤网烤38分钟即可。

家庭烘焙要领

很多朋友在烤吐司的时候，不太容易掌握温度与时间。因为各烤箱情况不同、吐司表面已经金黄，但出炉脱模后外侧比较白，或者内心发黏，表示烘烤程度不够，需要下次适当降低温度并延长烘烤时间。

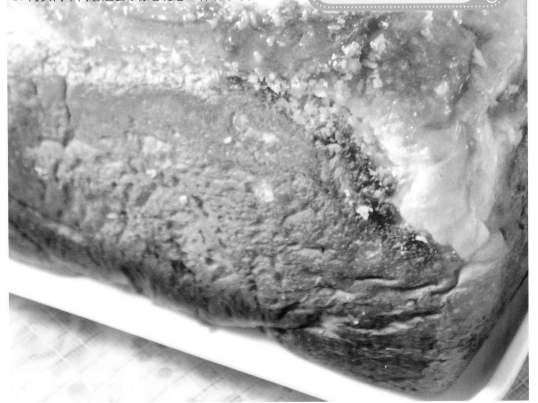

牛奶吐司

 原料：

高筋面粉 300 克，酵母 3 克，牛奶 150 毫升，鸡蛋液 40 克，糖 50 克，盐 5 克，无盐黄油 30 克

制作方法

1. 将除牛奶和黄油的所有原料放入面包桶内，先搅拌 1 分钟。

2. 加入牛奶，先加一半的量，待面粉吸收后，再加另一半。

3. 进行完一个"和面"程序（时间为 15 分钟），面团基本形成。

4. 再次进行完一个"和面"程序，轻轻拉开面团，可以勉强撑出膜来。

5. 切成小块的黄油放入室温软化，第三次开启"和面"程序。

6. 第三次"和面"程序结束后（揉面总共用了 45 分钟），面团表面已经很光滑。

7. 将面团整形，重新放入面包桶内，进行基础发酵，将面团发至两倍大。

8. 将面团按扁排气，分割成两份，松弛 15 分钟。

9. 将松弛好的面团擀开为长条形，再卷起，封好口。

10. 取出搅拌刀，将面团放入面包桶内，进行第二次发酵。

11. 二次发酵至吐司模七八分满，表面刷鸡蛋液。

12. 烤箱预热 180℃，置于烤箱中下层，烤制 30 分钟即可。

> 步骤 1 中要注意，不要将酵母、盐和糖放在一起，要各放一边。步骤 4 要用手抓一下面团，测试一下面团的湿度是否合适。面团用手抓了之后，手上基本干净，有少量面粉粘在手上，就说明面团湿度适宜。

家庭烘焙要领

香芋吐司

原料

面　团： 高筋面粉 400 克，鸡蛋 60 克，酵母 6 克，水适量
香芋馅： 熟香芋 250 克，糖粉 60 克，奶油 25 克，香芋色香油适量
其　他： 香酥粒适量

制作方法

1. 将高筋面粉、酵母混合搅拌。

2. 加入鸡蛋、水，慢速拌匀。

3. 快速搅拌 1~2 分钟。

4. 盖保鲜膜，发酵 2~3 小时，环境温度为 30℃。

5. 分割面团，每个 75 克。

6. 滚圆后放烤盘，盖保鲜膜饧发 15 分钟左右，环境温度为 31℃。

7. 将饧发好的每个 75 克的小面团擀开，排出里面的空气。

8. 制作香芋馅：将熟香芋、糖粉、奶油、香芋色香油搅拌均匀，静置备用。

9. 取面团，包入香芋馅，然后卷起成橄榄形。

10. 在面包表面用刀划 4 个小口后入模具，排盘入发酵箱饧发约 115 分钟，温度为 38℃，湿度为 75%。

11. 饧发好后面团体积约为原来的两倍，表面刷鸡蛋液。

12. 撒上香酥粒，入烤箱，以上火 200℃、下火 220℃的温度烘烤 20 分钟左右，出炉即可。

和烘烤其他西点一样，面包入炉前需事先将烤箱预热到所需要的温度，预热的时间根据自家烤箱的不同情况灵活掌握，一般 3～5 分钟即可。烤好的吐司如果需要切片食用，最好放置一段时间，并且用锯齿刀切片，这样比较容易。

家庭烘焙要领

三明治

原料：

面团： 高筋面粉300克，酵母3克，牛奶150毫升，鸡蛋液40克，糖50克，盐5克，无盐黄油30克

其他： 沙拉酱、火腿片、煎好的鸡蛋各适量

制作方法

1. 将面团材料中的原料（除牛奶和黄油）放入面包机的面包桶内，搅拌1分钟。

2. 先加入一半的牛奶，待面粉吸收后，再加另一半，搅拌均匀。

3. 进行完一个"和面"程序，面团基本形成；再次进行完一个"和面"程序，轻轻拉开面团，发现面团可以勉强撑出膜来；加入放在室温软化、切成小块的黄油，第三次开启"和面"程序，面团表面已经很光滑。

4. 将面团整形，重新放入面包桶内，进行基础发酵，将面团发至两倍大。

5. 将面团按扁排气后，分割成两份，松弛15分钟。

6. 将松弛好的面团擀开，成长条形，再卷起，封好口。

7. 取出搅拌刀，将面团放入面包桶内，进行第二次发酵。注意这次发酵的温度要比第一次发酵要求高，最好在38℃左右。

8. 二次发酵至吐司模七八分满，表面刷鸡蛋液。

9. 烤箱预热180℃，置于烤箱中下层，保持上下火，烤制30分钟即可。

10. 将烤好晾凉的吐司切片备用。

11. 取出一张面包片，平放，挤上沙拉酱，再将火腿片摆在上面，再挤上沙拉酱。

12. 再放一片吐司面包，挤上沙拉酱，将煎好的平整的鸡蛋摆在上面，挤上沙拉酱，再盖上吐司片。

13. 把叠好的三明治对角切，等分为两个三角形即可。

家庭烘焙要领

三明治是一种典型的西方食品，以两片面包夹几片肉和奶酪、各种调料制作而成，吃法简便，广泛流行于西方各国。这款面包本身有淡淡的奶香味，无论直接食用还是烤食都很棒，基本可以与任何材料搭配。

肉松吐司

第一章
面包基础知识

第二章
主食面包

第三章
点心面包

原料

高筋面粉 500 克，糖 100 克，酵母 5 克，盐 5 克，鸡蛋 40 克，水 225 毫升，酥油 50 克，肉松适量

制作方法

1. 将高筋面粉、糖、酵母、盐依次加入搅拌机，慢速搅拌均匀。

2. 加入鸡蛋、水，慢速拌匀转中速打至面筋展开。

3. 加入酥油，慢速拌匀后转中速。

4. 完成后的面团表面光滑，可拉出薄膜状。

5. 慢速搅拌 1 分钟，使面筋稍作舒缓。

6. 面团搅拌完成后温度在 26℃~28℃，松弛 15 分钟。

7. 取 80 克/个的面团，滚圆松弛 15 分钟。

8. 把松弛好的面团取出，用擀面棍擀成薄长方形面皮。

9. 将肉松放于面皮表面。

10. 由上而下把馅料卷入，捏紧收口成长方形。

11. 表面用剪刀划纹路，摆入烤盘，放入发酵箱内发酵 90 分钟后取出。

12. 入烤箱，以上火 150℃、下火 200℃的温度烘烤 30 分钟，熟透后出炉。

> 家庭烘焙要领
>
> 烘烤时注意观察着色程度。

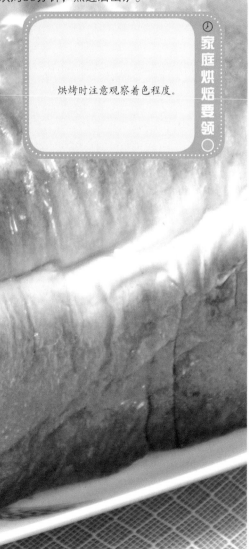

提子方包

 原料:

高筋面粉 200 克,奶粉 10 克,
酵母 5 克,细砂糖 25 克,盐 5 克,
鸡蛋液 30 克,温水 100 毫升,
无盐黄油 25 克,葡萄干 40 克

制作方法

1. 将酵母用温水化成酵母水;葡萄干用清水洗净,沥干水分。

2. 将高筋面粉、奶粉、细砂糖、盐混合,加入鸡蛋液 20 克和酵母水,搅拌均匀,和成面团。

3. 面团中加入软化的黄油,继续揉面,直至揉成一个能拉出透明薄膜状的具有延展性的面团,加入部分葡萄干,继续揉均匀。

4. 将面团放入容器内,封上保鲜膜,进行基础发酵。

5. 将发酵好的面团分成四等份,滚圆后盖上保鲜膜松弛 10 分钟。

6. 将松弛后的面团擀成椭圆形面片,面片上撒上余下的葡萄干,然后从一端向内卷起,卷成一个圆柱形,收口捏紧,向下放入吐司模中。

7. 依次将剩下的面团全部卷成柱形,并排放入吐司模中,盖上保鲜膜,进行最后发酵。

8. 待面团最后发酵,在面包胚表面刷上余下的 10 克鸡蛋液,放入预热的烤箱中,以 180℃火力烤 30 分钟。

9. 从烤箱取出,待面包冷却后切片即可。

家庭烘焙要领

面包中加入鸡蛋,特别是用鸡蛋液刷涂表面,经烘烤后,易于上色,且表面呈金黄色。鸡蛋液的凝固点是 59℃,经烘烤凝固后,制品具有光泽。这就是鸡蛋液的上光作用。

QQ 小馒头

原料

高筋面粉250克，细砂糖15克，盐4克，酵母5克，牛奶120毫升，无盐黄油30克，鸡蛋40克

制作方法

1.将牛奶放入小煮锅中，加热至温热关火，放入酵母搅拌均匀，化成酵母水；鸡蛋打散备用。

2.将高筋面粉、细砂糖、盐混合，加入30克鸡蛋液、酵母水混合拌匀，和成面团。

3.面团中加入软化的黄油，继续揉面，直至揉成一个能拉出透明薄膜状的光滑面团。

4.将揉好的面团放进一个大容器中，用保鲜膜封住容器口，开始进行基础发酵。

5.待面团膨胀到原来的两倍大，将发酵好的面团分成每份15克的小面团，滚圆后盖上保鲜膜，松弛15分钟。

6.将松弛好的小面团擀成圆形的面片，从面片上端向内卷起，成小椭圆形，收口向下排在烤盘中。

7.烤盘上盖保鲜膜，进行第二次发酵。

8.在发酵好的面包坯上刷上余下的鸡蛋液。

9.烤箱预热，将烤盘移入烤箱，以170℃火力烘烤15分钟。

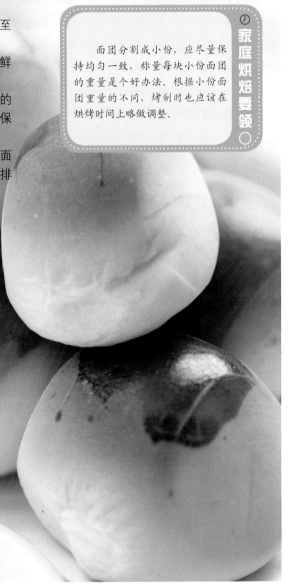

家庭烘焙要领

面团分割成小份，应尽量保持均匀一致，称量每块小份面团的重量是个好办法。根据小份面团重量的不同，烤制时也应该在烘烤时间上略做调整。

硬质型面包

菲律宾红豆面包

第一章
面包基础知识

第二章
主食面包

第三章
点心面包

原料

面团 500 克，糖 175 克，牛奶香粉 5 克，三花奶 1/4 支，鸡蛋 100 克，泡打粉 7 克，高筋面粉 175 克，低筋面粉 400 克，牛油 100 克，红豆馅适量

制作方法

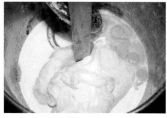

1. 将面团、糖、牛奶香粉、三花奶、鸡蛋、泡打粉、高筋面粉、低筋面粉依次加入搅拌机内，慢速拌匀。

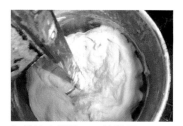

2. 转快速搅拌至面筋扩展。

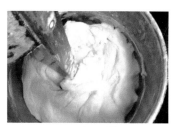

3. 加入牛油，慢速拌匀，转快速搅拌。

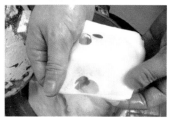

4. 完成后的面团表面光滑，可拉出薄膜状。

5. 慢速拌 1 分钟，使面筋稍作舒缓。

6. 取面团 60 克/个，松弛 15 分钟。

7. 用擀面杖擀平松弛好的面团。

8. 面皮的 1/2 处用戒刀均匀切出刀口。

9. 将红豆馅放入面皮内，将面皮边向内折。

10. 由上而下慢慢卷入，捏紧收口成橄榄形，摆入烤盘，放入发酵箱发酵 90 分钟后取出，表面刷上鸡蛋液，入烤箱，以上火 210℃、下火 160℃的温度烘烤 25 分钟，熟透后出炉。

家庭烘焙要领

菲律宾面包属高成分配方，着色较快，且面团较硬而容易结皮，所以在操作时台面切勿撒过多干粉。面团收口要收紧，烘烤时容易裂开。

47

奶酥面包

原料

面团：面团 500 克，糖 175 克，牛奶香粉 5 克，三花奶 1/4 支，鸡蛋 100 克，泡打粉 7 克，高筋面粉 175 克，低筋面粉 400 克，牛油 100 克

酥粒：糖粉 50 克，低筋面粉 100 克，奶粉 15 克

制作方法

1. 制作面团：将面团、糖、牛奶香粉、三花奶、鸡蛋、泡打粉、高筋面粉、低筋面粉依次加入搅拌机内，慢速拌匀。

2. 转快速搅拌至面筋扩展。

3. 加入牛油，慢速转快速搅拌。

4. 完成后的面团表面光滑可拉出薄膜状。

5. 再慢速搅拌1分钟，使面筋稍作舒缓。

6. 面团搅拌完成后温度在26℃~28℃，松弛15分钟。

7. 取面团60克/个，松弛15分钟。

8. 制作酥粒：将糖粉、低筋面粉和奶粉倒在一起，搅拌均匀，加熔化后的黄油，慢速搅拌均匀。把制作好的酥粒装入盒子，放入冷冻室冷却（用的时候只需要用手轻轻捏散就可以了）。

9. 将松弛好的面团取出，搓圆。

10. 摆入烤盘内，放入发酵箱发酵90分钟。

11. 最后把发酵好的半成品取出，表面用切刀切出十字形，放上酥粒。

12. 入烤箱，以上火200℃、下火140℃的温度烘烤20分钟，熟透后出炉。

> **家庭烘焙要领**
>
> 分割后的面团不能立即成形，必须要搓圆（如步骤9），就是将分割的小面团置于掌心，然后手掌握住面团在案板表面不停旋转，使面团外表形成一层光滑表皮，有利于保留新的气体，而使面团膨胀，搓圆时用力要均匀。

菲律宾面包

原料

面团500克，糖175克，牛奶香粉5克，三花奶1/4支，鸡蛋100克，泡打粉7克，高筋面粉175克，低筋面粉400克，牛油100克

制作方法

1.将面团、糖、牛奶香粉、三花奶、鸡蛋、泡打粉、高筋面粉、低筋面粉依次加入搅拌机内，慢速拌匀。

2.转快速搅拌至面筋扩展。

3.加入牛油，慢速转快速搅拌。

4.完成后的面团表面光滑，可拉出薄膜状。

5.慢速搅1分钟，使面筋稍作舒缓。

6.面团搅拌完成后温度在26℃~28℃，松弛15分钟。

7.取面团60克/个，松弛15分钟。

8.把松弛好的面团取出，用手掌压扁展开。

9.把面皮上端边缘向内折，由上而下慢慢卷入，捏紧收口成橄榄形。

10.摆入烤盘，放入发酵箱，发酵90分钟。

11.把发酵好的半成品取出，表面刷上鸡蛋液，用刀均匀切开三个口。

12.入烤箱，以上火210℃、下火160℃的温度烘烤25分钟，熟透后出炉。

用手揉面是个体力活，但是家庭制作的分量很小，所以女孩子也是可以完成揉面这个步骤的，只是在揉制的过程中用力，而且揉、摔、压、挤等不同的手法一并用上。一般用手揉制20分钟后能达到面团搅拌的第三阶段，也就是面筋扩展阶段，大约30分钟能揉至面筋的完成阶段。

家庭烘焙要领

培根法包

原料：

高筋面粉 400 克，低筋面粉 125 克，酵母 6 克，盐 5 克，水 375 毫升，培根肉、奶油各适量

制作方法

1. 将高筋面粉、低筋面粉、酵母混合搅拌。

2. 加入盐，慢速搅拌。

3. 加入水，慢速搅拌，后转快速搅拌。

4. 搅拌至面筋扩展，表面光滑。

5. 面团 25℃时，盖保鲜膜，发酵约 30 分钟。

6. 将发酵好的面团分割，每个面团约 100 克。

7. 卷起成长条状造型，盖上保鲜膜，饧发 30 分钟左右。

8. 将饧发好的每个 100 克的小面团压扁排出里面的空气。

9. 放上培根肉，由上而下卷成长条形，捏紧收口。

10. 放入模具后饧发约 10 分钟，温度为 33℃，湿度为 75%。

11. 发至原来体积的三倍左右。

12. 在面包表面用刀斜划两道小口，挤上奶油。

13. 入烤箱，以上火 250℃、下火 200℃的温度烘烤 25 分钟左右，即可出炉。

> 这款面包水分较多，所以面团比较湿，在操作时可以加一些高筋面粉。培根又名烟肉（Bacon），是经腌熏等加工的猪胸肉，或其他部位的肉熏制而成，一般可以在超市的冷藏熟食柜台买到。面皮在加入培根卷成卷时注意要卷松弛些，这样烤时才能充分膨胀。
>
> 家庭烘焙要领

奶油燕麦法包

原料：

高筋面粉500克，低筋面粉125克，酵母6克，盐5克，水375毫升，燕麦片、奶油各适量

制作方法：

1. 将高筋面粉、低筋面粉、酵母混合搅拌。

2. 加入盐，慢速搅拌。

3. 加入水，慢速搅拌，后转快速搅拌。

4. 拌至面筋扩展，表面光滑。

5. 面团25℃时，盖保鲜膜，发酵约30分钟。

6. 将发酵好的面团分割，每个面团约120克。

7. 将饧发好的每个120克的小面团压扁排出里面的空气。

8. 卷成橄榄形，捏紧收口。

9. 表面扫上清水，粘上燕麦片。

10. 排盘入发酵箱饧发约10分钟，温度为36℃，湿度为75%。

11. 让面团发酵至原来体积的2.5倍。

12. 在面团表面用刀斜划两道小口，挤上奶油。

13. 入烤箱，以上火250℃、下火180℃的温度烘烤15分钟左右，出炉即可。

> **家庭烘焙要领**
>
> 大部分情况下，水是除了面粉以外用量最大的配料。水的添加量关系着面团的软硬程度。含水量越大的面团，越容易揉出面筋。不同品种、面筋的面粉，吸水量不同，因此配方的水量只供参考。

招牌面包

 原料：

牛奶275毫升，糖75克，盐5克，高筋面粉500克，酵母7克，牛奶香粉5克，牛油40克，糖粉适量

制作方法

1. 将牛奶、糖、盐依次加入搅拌机内，搅拌均匀。

2. 加入高筋面粉、酵母、牛奶香粉，搅拌均匀。

3. 加入牛油，慢速拌匀后转中速。

4. 完成后的面团表面光滑，可拉出薄膜状。

5. 慢速搅拌1分钟，使面筋稍作舒缓。

6. 直至面团的形成，温度在26℃~28℃。

7. 取每个100克的面团，松弛15分钟。

8. 把松弛好的面团取出，用擀面棍擀开。

9. 用手把面团上端边缘向内折，由上而下慢慢卷入，捏紧收口成条状，再摆入烤盘，放入发酵箱，发酵90分钟。

10. 最后把发酵好的面团取出，表面用刀均匀斜切出3个口，在切口处挤上牛油。

11. 入烤箱，以上火200℃、下火140℃的温度烘烤25分钟，熟透后出炉，待冷却后撒上糖粉。

> 烘烤的面包，如果一次吃不完，可以等面包完全晾凉后（没凉透的面包容易发霉），用保鲜袋包裹，室温存放两三天。虽然放置在冰箱冷藏可以使面包几天内不变质，但是过低的温度会加速面粉中淀粉的老化，使其口感变得又干又硬。
>
> **家庭烘焙要领**

金牛角

原料

糖200克，鸡蛋100克，蛋牛奶浆7克，炼奶1/4瓶，柠檬色素5克，水500毫升，高筋面粉800克，奶粉25克，酵母8克，酥油100克，白芝麻适量

制作方法

1. 将糖、鸡蛋、蛋牛奶浆、炼奶、柠檬色素、水依次加入搅拌机内，慢速搅拌均匀。

2. 加入高筋面粉、奶粉、酵母慢速拌匀，转中速搅拌至面筋展开。

3. 加入酥油，慢速拌匀后转中速。

4. 完成后的面团表面光滑，可拉出薄膜状。

5. 慢速搅拌1分钟，令面筋稍作舒缓，面团搅拌完成后温度在26℃~28℃，松弛15分钟。

6. 取30克/个的面团，滚圆松弛。

7. 把松弛好的面团取出，用擀面杖把面团擀成三角形状。

8. 把擀好的面团由上而下卷起，然后摆在烤盘内，放入发酵箱发酵90分钟。

9. 把发酵好的面包半成品取出，表面刷上蛋液，再在表面撒上白芝麻。

10. 入烤箱，以上火200℃、下火180℃的温度烘烤15分钟，熟透后出炉。

> 面包在成型过程中要注意保湿，不然容易爆裂。另外，如果你的烤箱有低温发酵功能，可以把这个功能利用上，让烤箱内保持恒温。

家庭烘焙要领

瓜子面包

原料：

高筋面粉 375 克，全麦粉 75 克，
酵母 5 克，奶粉 12 克，细砂糖
18 克，水 375 毫升，盐 5 克，
瓜子仁 75 克

制作方法

1. 将高筋面粉、全麦粉、酵母、奶粉、细砂糖混合，搅拌均匀。
2. 加水，慢速拌匀后改快速搅拌。
3. 加入盐，慢速拌匀后改快速搅拌。
4. 拌至面筋扩展，可拉出薄膜状。
5. 加入部分瓜子仁，慢速拌匀。
6. 待面团温度 23℃时，盖上保鲜膜，发酵 35 分钟。
7. 将发酵好的面团切割成每个 120 克的小面团。
8. 滚圆后盖保鲜膜，饧发 30 分钟备用。
9. 将饧发好的每个 120 克的小面团压扁排出里面的空气。
10. 卷成橄榄形，捏紧收口。

11. 刷上少量清水，粘上余下的瓜子仁。
12. 放入发酵箱饧发约 10 分钟，温度为 35℃，湿度为 70%。
13. 饧发至体积为原来的三倍左右，用刀口在两侧各划几个小口。
14. 入烤箱，以上火 250℃、下火 180℃的温度烘烤 26 分钟左右，出炉即可。

> **家庭烘焙要领**
>
> 很多人对于到底该使用全脂奶粉、低脂奶粉还是脱脂奶粉，感到十分困惑。其实有最好解决问题的办法 —— 使用你现有的奶粉就行。全脂奶粉因为含有脂肪，口感会更加香浓一些，但一般应用在面包里后，差异便十分微小。

腰果仁面包

原料:

高筋面粉375克，全麦粉75克，酵母5克，奶粉12克，细砂糖17克，水375毫升，盐5克，腰果仁75克

制作方法:

1. 将高筋面粉、全麦粉、酵母、奶粉、细砂糖混合拌匀。

2. 加水，慢速拌匀后改快速搅拌。

3. 加入盐，慢速拌匀后改快速搅拌。

4. 拌至面筋扩展，可拉出薄膜状。

5. 再慢速搅拌1分钟，使面筋稍作舒缓。

6. 待面团温度23℃时，盖上保鲜膜，发酵35分钟。

7. 将发酵好的面团切割成每个120克的小面团。

8. 滚圆后盖保鲜膜，饧发30分钟备用。

9. 将饧发好的每个120克的小面团压扁排出里面的空气。

10. 放上腰果仁，由上而下卷成形。

11. 排盘入发酵箱，饧发约5分钟，温度为35℃，湿度为70%，发酵至原来面团体积的三倍左右。

12. 用刀在中间划一道口，入烤箱，以上火245℃、下火175℃的温度烘烤25分钟左右，出炉即可。

家庭烘焙要领

如果全部用全麦粉制作面包，口感不是所有人都能接受的，因为麦麸会切段面筋结构，加上全麦粉本身的筋性不足，做出来的面包不但比较硬，而且口感粗糙。所以一般都会加入一些高筋面粉来改善全麦面包的口感。我们可以根据自己的喜好及接受程度，来调节全麦粉所占的比例。

开心果仁面包

原料：

高筋面粉375克，全麦粉75克，酵母5克，奶粉12克，细砂糖17克，水375毫升，盐5克，开心果仁75克

制作方法

1. 将高筋面粉、全麦粉、奶粉、细砂糖混合拌匀。
2. 加水，慢速拌匀后改快速搅拌。
3. 加入盐，慢速拌匀后改快速搅拌。
4. 拌至面筋扩展可拉出薄膜状。
5. 加入部分开心果仁，慢速拌匀。
6. 待面团温度23℃时，盖上保鲜膜。发酵35分钟。
7. 将发酵好的面团切割成每个120克的小面团。
8. 滚圆后盖保鲜膜，饧发30分钟备用。
9. 将饧发好的120克/个的小面团压扁排出里面的空气。
10. 放上剩余的开心果仁，由上而下卷成形，捏紧收口，中间剪两个小口。
11. 排盘入发酵箱，饧发约10分钟，温度为35℃，湿度为70%，发酵至原来面团体积的三倍左右。
12. 入烤箱，以上火235℃、下火175℃的温度烘烤25分钟左右，出炉即可。

> 低成分面团（只有基本材料面粉、盐、酵母、水制成的面团）分割宜在20分钟内完成。高成分面团（除四大基本材料外油脂、乳制品、鸡蛋成分较高的面团）则不受限制。此款面包在剪时刀口要稍微深些（步骤10）。
>
> **家庭烘焙要领**

第三章

点心面包

点心面包小课堂

点心面包即市面上常见的各式各样的面包，除了有面包的基础原料，也加入了各种口味的辅料来增添面包的风味。本书点心面包主要介绍夹馅面包、嵌油面包以及其他种类等。点心面包在家中制作最适宜不过，更能激发家庭烘焙者的积极性，创造出更多样的花式面包，不但感受到自制面包的乐趣，而且创意无穷，更有成就感。

夹馅面包是指将发酵面团包以馅心，经成型、饰面、烘烤等工艺制成的面包。按馅心的组成，夹馅面包可分为果酱型、蓉沙型、奶油型和调理型等类。

嵌油面包又名丹麦面包。它是采用发酵面团包裹固体油，再加工成型，经过烘烤、饰面等工序而制成。制品层次分明，表皮酥脆，内心松软，肥而不腻。如奶油螺蛳卷面包、蟹蚶面包、风车面包等。

其他点心面包品种和口味更是多样，如调理面包等。调理面包是为适应人体需要，突出某种营养成分而设计的一种面包，既能饱腹，又有利于身体健康，且物美价廉。调理面包按添加配料的性质可分杂粮型、蔬菜型和强化型等种类。

夹馅面包

奶黄包

原料

高筋面粉500克，糖100克，酵母5克，盐5克，鸡蛋40克，水250毫升，酥油50克，奶黄馅、果酱各适量

制作方法

1. 将高筋面粉、糖、酵母、盐依次加入搅拌机，慢速搅拌均匀。

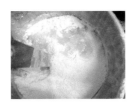

2. 加入鸡蛋、水，慢速拌匀转中速搅拌至面筋展开。

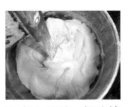

3. 加入酥油，慢速拌匀后转中速。

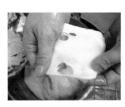

4. 完成后的面团表面光滑，可拉出薄膜状。

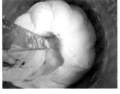

5. 慢速搅拌1分钟，令面筋稍作舒缓。

6. 将发酵好的面团切割成每个30克的小面团，滚圆松弛15分钟。

7. 把松弛好的面团压平，包入奶黄馅。

8. 边缘向内包起成三角形。

9. 将其摆入烤盘内，放入发酵箱内发酵90分钟。

10. 把发酵好的半成品取出，在表面刷上鸡蛋液，最后挤上果酱装饰，入烤箱，以上火200℃、下火180℃的温度烘烤12分钟，熟透后出炉。

> **家庭烘焙要领**
>
> 滚圆后的面团，将收口处朝下，放置在工作台15~20分钟，进行中间发酵。这样的静置过程，是为了让面团变得更容易塑形。此时，请盖上塑胶袋，以防止面团变干燥。

芝士红豆条

原料:

高筋面粉500克，糖100克，酵母5克，盐5克，鸡蛋40克，水250毫升，酥油50克，豆沙馅、芝士、沙拉酱各适量

制作方法:

1.将高筋面粉、糖、酵母、盐依次加入搅拌机内，慢速搅拌均匀。

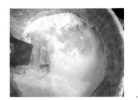

2.加入鸡蛋、水，慢速拌匀转中速搅拌至面筋展开。

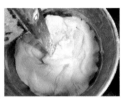

3.加入酥油，慢速拌匀后转中速。

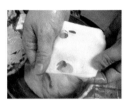

4.完成后的面团表面光滑，可拉出薄膜状。

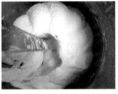

5.慢速拌1分钟，令面筋稍作舒缓。

6.将发酵好的面团切割成每个60克的小面团，滚圆松弛15分钟。

7.把发酵好的半成品取出，用手掌压扁，把豆沙馅包入中间捏紧，收口成圆形。

8.用擀面杖擀平成椭圆形。

9.用切刀在中间切出数条纹路。

10.将其由外向内卷起捏紧，收口成椭圆形。

11.摆入烤箱内，放入发酵箱内发酵90分钟，将发酵好的半成品取出，表面刷上鸡蛋液。

12.在表面撒上芝士，挤上沙拉酱，入烤箱，以上火200℃、下火180℃的温度烘烤15分钟，熟透后出炉。

家庭烘焙要领

这款面包里用到的红豆馅是比较稠的红豆馅，可以挤在面团上，用勺背抹开。如果是比较稀的红豆馅，可以用毛刷直接涂开。吃不完的红豆馅可以用保鲜袋分小块装好，放入冰箱冷冻室保存。

红豆菠萝包

原料：

面　团： 高筋面粉 150 克，奶粉 15 克，盐 5 克，细砂糖 30 克，鸡蛋液 15 克，酵母 3 克，水 70 毫升，黄油 15 克

菠萝皮： 低筋面粉 50 克，糖粉 25 克，盐 5 克，鸡蛋液 15 克，奶粉 10 克，黄油 30 克

红豆馅： 红豆馅适量

制作方法

1. 制作面团：根据一般面包制作方法，把高筋面粉、奶粉、盐、细砂糖、鸡蛋液、酵母、水、黄油搅拌均匀，揉成面团，面团揉至扩展阶段，于 28℃下发酵 1 小时左右。

2. 发酵到 2.5 倍大，用手指粘面粉戳一个洞，洞口不会缩即可。

3. 排气，分割成 4 份，滚圆，中间发酵 15 分钟。

4. 制作菠萝皮：在面团中间发酵的时候可以准备菠萝皮，将软化的黄油用打蛋器打到发白，倒入糖粉、盐、奶粉，搅拌均匀。

5. 分三次加入鸡蛋液。

6. 搅拌至黄油与鸡蛋液完全融合，倒入低筋面粉，用勺子轻轻拌匀。

7. 拌至光滑不黏手即可，案上施薄粉，把菠萝皮搓成条状，切成 4 份，包入红豆馅。

8. 左手拿起一块菠萝皮，右手拿起一块面团。

9. 把面团压在菠萝皮上，稍微用力，将菠萝皮压扁。

10. 右手采用由外向里的方式捏面团，让菠萝皮慢慢地"爬"到面团上来。

11. 继续由外向里的捏面团，一直到菠萝皮包裹住 3/4 以上的面团。

12. 收口向下，在菠萝皮表面轻轻刷上鸡蛋液。

13. 用小刀轻轻在菠萝皮上划出格子花纹。

14. 划好花纹后，进行最后发酵到约 2.5 倍大，放入预热好的烤箱，180℃烤 15 分钟左右。

> 步骤 5 中每一次都要充分将鸡蛋液与黄油混合再进行下一步，以免油水分离，影响菠萝皮的酥性。包裹菠萝皮的步骤（步骤 9）一定要注意，这是重点。

家庭烘焙要领

毛毛虫面包

原料

面团： 高筋面粉250克，细砂糖50克，酵母3克，盐2克，奶粉10克，鸡蛋液20克，水145毫升，黄油20克

泡芙面糊： 色拉油38毫升，黄油38克，水75毫升，高筋面粉38克，鸡蛋液55克

制作方法

1. 将高筋面粉、细砂糖、酵母、盐、奶粉、鸡蛋液、水放入面包机混合揉匀，至稍具延展性，加黄油揉至可拉出透明薄膜，发酵至2.5倍大。

2. 排气，分割6等份，室温松弛15分钟。

3. 制作泡芙面糊：将色拉油、黄油、水一起放一小锅内，加热到沸腾，加入高筋面粉搅拌均匀，放凉后分次加入鸡蛋液，搅拌成糊状，装入裱花袋，备用。

4. 取其中一个小面团，擀成长方形。

5. 把底边压扁，卷成筒状，捏紧收口处，滚匀放烤盘，依次做好6个。

6. 最后发酵至两倍大。

7. 刷鸡蛋液，挤上泡芙面糊。

8. 烤箱预热180℃，放入烤箱中层，以上下火烘烤15分钟即可。

> **使用家庭电烤箱要注意的事情：**
> 家用小烤箱不及专业级的大烤箱烘烤温度、均匀，温度很难掌控。在这种情况下请你在指定时间的后半段，站在烤箱前仔细确认面包的烘烤程度。如果上色还不明显的话，请适当调高温度；如果表面颜色过于鲜艳的话，请适当降低温度。像这样在烘烤时，时刻调节烤箱的温度是使用家庭式小烤箱的重要方法。

家庭烘焙要领

提子墨西哥包

高筋面粉500克，糖100克，酵母5克，盐5克，鸡蛋40克，水225毫升，酥油50克，葡萄干、墨西哥酱各适量

制作方法

1. 将高筋面粉、糖、酵母、盐依次加入搅拌机，慢速搅拌均匀。

2. 加入鸡蛋、水，慢速拌匀转中速搅拌至面筋展开。

3. 加入酥油，慢速拌匀后转中速。

4. 完成后的面团表面光滑，可拉出薄膜状。

5. 慢速搅拌1分钟，使面筋稍作舒缓。

6. 将面团搅拌完成后使其温度保持在26℃~28℃，松弛15分钟。

7. 取60克/个的面团滚圆，松弛15分钟。

8. 把松弛好的面团取出，用擀面杖擀开。

9. 将葡萄干包入中间，把面皮的上端向内折，由上而下卷入。

10. 将其向内对折，在中间切一刀。

11. 将切口向左右两边展开，装入纸杯内，再放入发酵箱发酵90分钟。

12. 将发酵好的半成品取出，表面挤上墨西哥酱，入烤箱，以上火190℃、下火140℃的温度烘烤15分钟，熟透后出炉。

挤墨西哥酱时要挤满。

家庭烘焙要领

椰蓉奶油包

原料

面　团： 高筋面粉450克，牛奶50毫升，鸡蛋50克，牛油42克，温水80毫升，糖112克，酵母7克

奶油酱： 牛油224克，糖霜70克

饰　面： 鸡蛋液、椰蓉丝各适量

制作方法

1. 制作面团：将所有面团材料放搅拌机里搅拌，直到面团可拉出薄膜状。

2. 把揉好的面团放入盖了盖的容器里发酵，直到面团体积发到两倍。

3. 把发好的面团取出，拍打面团，放气，平均分成16份。

4. 整形，再次发酵到两倍大。

5. 面团刷上鸡蛋液，放入垫了烤纸的烤盘。

6. 入烤箱烤，以190℃的温度烤8～12分钟。

7. 制作奶油酱：把奶油酱材料放搅拌机里，用高速搅拌，直到颜色成奶白色。

8. 将面包取出后晾凉，小心地用切面包的刀，在中间切一大口。

9. 把奶油酱放入裱花袋里，将其挤入面包的切口内。

10. 面包表面刷些奶油酱，然后撒上椰蓉丝即可。

> 原料中提到的"糖霜"是比一般白糖更细的糖，超市有售，换成葡萄糖也可以。
>
> 打发后的奶油即可使用，待用已打发的奶油要放在冷藏柜中加盖储存。奶油容易氧化，最好先用纸将其仔细包好，然后放入密封盒，冷藏在2℃～4℃冰箱中，可保存6个月以上。

家庭烘焙要领

豆沙卷

原料：

面　团： 高筋面粉140克，牛奶80
毫升，酵母2.5克，细砂
糖25克，盐0.5克，黄油
15克，鸡蛋液15克

豆沙馅： 红豆30克，水90毫升，
红糖20克

其　他： 白芝麻适量

制作方法

1. 制作面团：将高筋面粉、牛奶、酵母、细砂糖、盐、黄油、鸡蛋液放入面包机中，选择"发面团"程序，将面团发酵。

2. 揉面团，排压出面团中的部分气体，将面团均分为6份。

3. 将每份揉成小圆面团，静置面板上，中间发酵15分钟。

4. 制作豆沙馅：将事先已经浸泡了一天一夜的红豆连同水，放入电压力锅中压熟，用勺碾碎，并放入适量红糖，搅拌均匀，待凉透后，握成6个小丸待用。

5. 将小面团按扁，包入豆沙丸，将收口捏紧。

6. 收口朝下，放在面板上，擀成长圆形的面皮。

7. 在面皮上竖切4刀，首尾不能切断。

8. 捏住两头，将面皮两端向不同的方向扭。

9. 将扭好的面条做成不同的花式。

10. 将整好形的面包摆入烤盘，进行二次发酵。

11. 在面包的表面刷鸡蛋液，撒上白芝麻。

12. 放烤箱中层，用160℃的温度烘焙20分钟。

家庭烘焙要领

为避免红豆变质，浸泡红豆时，应放入冰箱冷藏保存。红豆放入电压力锅时，之前的水量基本已够。以红豆刚没入水为准，可加少量水。切记不可多加水，否则不能成丸，加入红糖的量以个人口味而定，做馅应稍微甜一些。

肠仔包

原料

高筋面粉400克，黄油330克，牛奶5毫升，酵母70克，细砂糖、火腿肠、鸡蛋液各适量

制作方法

1. 将高筋面粉、黄油、牛奶、酵母、细砂糖、鸡蛋液混合揉成团。

2. 置温暖处发酵1.5小时。

3. 将饧发好的面团排气。

4. 将面团分成小份，盖上保鲜膜，静置15分钟。

5. 静置好后擀长，卷起。

6. 中间切一刀，放上一根火腿肠。

7. 盖上保鲜膜，饧发至两倍大，表面刷上鸡蛋液。

8. 入烤箱，用180℃的温度烤15分钟左右。

家庭烘焙要领

鸡蛋液即去掉蛋壳后的蛋黄和蛋白打散而成的液体。但有些品种的面包可能会要求单独食用蛋黄或蛋白，此时配方会特别写明。

奶香菠萝包

 **原料:**

面团: 中筋面粉 300 克,酵母 10 克,细砂糖 40 克,牛奶 200 毫升,盐 5 克,无盐黄油 45 克,鸡蛋 50 克

菠萝皮: 无盐黄油 45 克,糖粉 50 克,鸡蛋液 30 克,低筋面粉 85 克

奶酥馅: 糖粉 20 克,鸡蛋液 15 毫升,奶粉 60 克

制作方法

1. 将牛奶加热至微温,加入酵母和 40 克细砂糖,放置 10 分钟。

2. 在面盆中放入中筋面粉、盐和 50 克鸡蛋,加入准备好的牛奶酵母液,混合均匀成一个面团。

3. 揉和均匀后放置 15 分钟,再揉入已经软化的黄油 45 克。

4. 将揉入黄油的面团反复揉按,直到面团的延展性增强,可以拉出薄膜状。

5. 将面团用保鲜膜盖好,室温发酵至两倍大。

6. 将发酵好的面团分成均等的 8 份,滚圆后盖上保鲜膜,松弛 10 分钟。

7. 将奶酥馅的用料全部混合均匀备用。

8. 将菠萝皮用料中的黄油软化成室温,加入糖粉用打蛋器打至蓬松状,分次加入鸡蛋液继续搅拌至融合。

9. 加入过筛的低筋面粉,搅拌均匀成菠萝皮面团,也分成均等的 8 份备用。

10. 将每个发酵的面团分别按扁擀平,包入适量奶酥馅,然后整理成圆形的面包坯。

11. 菠萝皮也分别擀平包裹在面包坯外面,并用餐刀划出方格。

12. 将菠萝包坯码入铺好烘焙纸的烤盘中,放在 30℃以上的地方进行二次发酵,膨胀至原来的 1.5 倍即可。

13. 烤箱预热后,将经过二次发酵的菠萝坯移入烤箱中层,以 180℃的温度烘烤 20 分钟即可。

家庭烘焙要领

做菠萝皮的时候,如果拌好后菠萝皮仍然黏,可以适量补些低筋面粉。以菠萝皮刚好不黏手为宜。传统菠萝包是没有夹馅的,但可以在制作的时候往里面包入各种馅料,比如豆沙馅、奶黄馅、菠萝馅等。

大红豆卷

原料

面 团：高筋面粉 140 克，牛奶 80 毫升，酵母 2.5 克，细砂糖 25 克，盐 0.5 克，黄油 15 克，鸡蛋 15 克（约 1/3 全蛋）

豆沙馅：红豆 30 克，水 90 毫升，红糖 20 克

制作方法

1. 制作面团：将高筋面粉、牛奶、酵母、细砂糖、盐、黄油、鸡蛋放入面包机中，选择"发面团"程序，将面团发酵。

2. 揉面团，排压出面团中的部分气体，将面团均分为数份。

3. 将每份揉成小圆面团，静置面板上，中间发酵15分钟。

4. 红豆馅制作：将事先已经浸泡了一天一夜的红豆连同水，放入电压力锅中压熟，用勺碾碎，并放入适量红糖，搅拌均匀，待凉透后，握成6个小丸待用。

5. 将小面团搓长，包入豆沙丸，将收口捏竖。

6. 收口朝下，放在面板上，擀成长圆形的面皮。

7. 在面皮上竖切4刀，首尾不能切断。

8. 捏住两头，将面皮两端向不同的方向扭。

9. 将扭好的面条做成不同的花式。

10. 将整好形的面包摆入烤盘，进行二次发酵。

11. 在面包的表面刷鸡蛋液。

12. 入烤箱中层，以160℃的温度烘焙20分钟。

> 如果没有面包纸托，也可以把卷好的面团直接放在烤盘上。烤制的过程中，发现面包上色以后，最好用锡纸把面包盖上接着烤，不然最后出来的成品可能颜色较深。馅料除了使用豆沙以外，还可以更换成枣泥或其他你喜欢的软质馅料。
>
> **家庭烘焙要领**

提子奶酥

 原料:

高筋面粉500克，糖100克，酵母5克，盐5克，鸡蛋50克，水275毫升，酥油50克，葡萄干、香酥粒各适量

制作方法

1. 将高筋面粉、糖、酵母、盐依次加入搅拌机，慢速搅拌均匀。

2. 加入鸡蛋、水，慢速拌匀转中速至面筋展开。

3. 加入酥油，慢速拌匀后转中速。

4. 完成后的面团表面光滑，可拉出薄膜状。

5. 慢速搅拌1分钟，使面筋稍作舒缓。

6. 面团搅拌完成后，温度在26℃~28℃，松弛15分钟。

7. 取面团，分出若干约80克/个的小面团。

8. 将小面团搓圆，按出小窝包入奶酥，收口，擀薄，均匀铺上葡萄干，卷起；然后从中间剖开，编成辫子状；最后两条黏合成一个，放入模具。

9. 将整形好的面包在温度36℃、湿度75%下进行二次发酵，约90分钟。

10. 发酵好后，表面刷鸡蛋液，撒上香酥粒。

11. 入烤箱，以上火170℃、下火150℃的温度烤15分钟左右。

> **家庭烘焙要领**
>
> 比较大的面团搓圆动作：双手拿住面团，手指尖和揉面台中央夹住一部分面团；然后从对面把面团滚拉到自己一边；每次滚拉到自己面前的时候就变换一次角度，然后放回到对面；再重复上述的步骤3~4次即可。

红豆相思

原料

高筋面粉500克，糖100克，酵母5克，盐5克，鸡蛋50克，水275毫升，酥油50克，奶油、红豆各适量

制作方法

1. 将高筋面粉、糖、酵母、盐依次加入搅拌机，慢速搅拌均匀。

2. 加入鸡蛋、水，慢速拌匀转中速搅拌至面筋展开。

3. 加入酥油，慢速拌匀后转中速。

4. 完成后的面团表面光滑，可拉出薄膜状。

5. 慢速搅拌1分钟，使面筋稍作舒缓。

6. 面团搅拌完成后温度在26℃~28℃，松弛15分钟。

7. 取出面团，分出若干约60克/个的小面团。

8. 擀薄成上圆下方的皮，加上奶油并涂匀，然后均匀铺上红豆，最后从上往下卷起。

9. 从红豆卷的中间纵向切开，就顶部相连，然后扭花再折回两边，放入磨具。

10. 将整好形的面包用温度36℃、湿度75%进行二次发酵，约90分钟。

11. 发酵好后，在表面均匀刷上鸡蛋液，放入烤盘。

12. 入烤箱，以上火180℃、下火170℃的温度烤15分钟左右。

家庭烘焙要领

扭花的时候稍微扭得紧些，这样做的面包才不会显得松散。

半边月面包

原料：

高筋面粉 500 克，糖 100 克，酵母 5 克，盐 5 克，鸡蛋 40 克，水 275 毫升，酥油 50 克，椰丝馅、沙拉酱、肉松各适量

制作方法

1. 将高筋面粉、糖、酵母、盐依次加入搅拌机，慢速搅拌均匀。

2. 加入鸡蛋、水，慢速拌匀转中速搅拌至面筋展开。

3. 加入酥油，慢速拌匀后转中速。

4. 完成后的面团表面光滑，可拉出薄膜状。

5. 慢速搅拌1分钟，使面筋稍作舒缓。

6. 面团搅拌完成后温度在26℃~28℃，松弛15分钟。

7. 取60克/个的面团滚圆，松弛15分钟。

8. 把松弛好的面团取出，用擀面杖擀成椭圆形。

9. 在表面粘上椰丝馅。

10. 摆入烤盘内，放入发酵箱内发酵90分钟。

11. 把发酵好的半成品取出，表面挤上沙拉酱，入烤箱，以上火200℃、下火140℃的温度烘烤15分钟，熟透后出炉。

12. 把烤熟的半成品取出，用牙刀将其中分。

13. 用沙拉酱做夹心，表面弧形上再刷上沙拉酱。

14. 最后在表面粘上肉松即可。

> **家庭烘焙要领**
>
> 面包的面团一般能发酵至原体积的2~2.5倍，另外还可以自行检测，用手指粘少许面粉，在发酵好的面团上戳一个洞，如果洞的大小跟手指相同并且缓慢复原就说明是发酵到位，若洞洞很快就缩小了时说明还没发酵到位，相反，如果用手指戳洞后，洞的周围很快塌陷就说明是发酵过度了。发酵过度的面团会产生很明显的酸味。

香葱牛肉包

原料

面 团: 高筋面粉300克,细砂糖20克,奶粉15克,奶香粉2克,酵母5克,鸡蛋25克,鲜奶50毫升,水100毫升,盐5克,奶油25克

牛肉馅: 牛肉100克,洋葱50克,水10毫升,淀粉5克,青豆20克,生抽、盐、味精、海鲜酱各适量

其 他: 葱花、沙拉酱各适量

制作方法

1. 将洋葱、牛肉下锅稍炒一下。

2. 加入生抽、盐、味精、海鲜酱、青豆,炒熟,加入水和淀粉勾芡,拌匀至熟透,静置备用。

3. 根据一般面包制作方法,把高筋面粉、砂糖、奶粉、奶香粉、酵母、鸡蛋、鲜奶、水、盐、奶油搅拌均匀,揉成面团,揉至能拉出薄膜的扩展阶段,盖保鲜膜发酵约20分钟。

4. 将发酵好的面团分割成每个65克的小面团,再盖保鲜膜饧发20分钟左右。

5. 将小面团擀开排出里面的空气,放入牛肉馅。

6. 卷起成橄榄形。

7. 放入发酵箱,以温度38℃、湿度70%发酵约85分钟。

8. 让面团发酵至原来体积的2~2.5倍。

9. 在面包团表面刷上鸡蛋液。

10. 用刀在面包表面中间划一道小口,撒上葱花,挤上沙拉酱。

11. 入烤箱,以上火215℃、下火175℃烘烤15分钟左右,出炉即可。

家庭烘焙要领

烘烤任何面包,烤箱都必须预热180℃,时间为2~3分钟。检测面包是否烤熟的方法:用手轻压表面或侧腰,如面团具有弹性,不会呈现凹洞或者黏合状,即可出炉。

风味水果包

原料

面团: 高筋面粉500克, 糖100克, 酵母5克, 盐5克, 鸡蛋40克, 水275毫升, 酥油50克

水果馅: 什果50克, 沙拉酱10克

制作方法

1. 制作面团: 将高筋面粉、糖、酵母、盐依次加入搅拌机, 慢速搅拌均匀。

2. 加入鸡蛋、水, 慢速拌匀转中速搅拌至面筋展开。

3. 加入酥油, 慢速拌匀后转中速。

4. 完成后的面团表面光滑, 可拉出薄膜状。

5. 慢速拌1分钟, 使面筋稍作舒缓。

6. 面团搅拌完成后, 温度在26℃~28℃, 松弛15分钟。

7. 取60克/个的面团滚圆, 松弛15分钟。

8. 制作水果馅: 将水果馅的原料拌匀, 备用。

9. 将每个60克的小面团用手压扁, 排出空气, 由上而下地卷成橄榄形。

10. 排在烤盘中, 饧发90分钟左右, 温度为36℃, 湿度为75%。

11. 让面包发酵至原来体积的2.5倍。

12. 刷上鸡蛋液, 在面包表面来回平行挤上沙拉酱。

13. 入烤箱, 以上火215℃、下火175℃的温度烘烤15分钟左右, 出炉放凉备用。

14. 用刀从中间(打竖)划开, 放上水果馅, 再挤上沙拉酱即可。

家庭烘焙要领

整好形的面团放在烤盘中, 烤盘中要铺油纸或油布, 以免粘连。整好形的面团要做最后发酵, 这一步非常关键。比较专业的会将整好形的面团放发酵箱中, 我们在家中可以用烤箱代替发酵箱。具体做法是先将烤箱温度调至100℃, 时间为10分钟, 里面放上一盆热水, 等烤箱关火后将面团放入, 注意热水不要取出, 直至面团发至两倍大, 即可取出烘烤。

蓝莓包

第一章
面包基础知识

第二章
主食面包

第三章
点心面包

原料

面团：高筋面粉155克，低筋面粉22克，鸡蛋90克，酵母4克，奶油奶酪17克，奶粉、蓝莓酱、盐、玉米油、细砂糖各适量

香酥粒：细砂糖20克，奶油30克，低筋面粉160克

制作方法

1. 制作香酥粒：将细砂糖（香酥粒材料中的）、奶油拌匀，再加入低筋面粉拌匀，用手搓成粒状，装入碗中备用。

2. 按照先液体后固体的顺序，将鸡蛋倒入面包机内，然后根据自己的口味加入适量的细砂糖、盐、奶粉。

3. 加入一小块奶油奶酪，加入高筋面粉、低筋面粉，最后加入酵母。

4. 开始揉面，揉面过程中将适量的玉米油沿面包桶的边缘缓缓加入。

5. 当所有材料揉成一个光滑的面团并且可以拉出薄膜时，关掉面包机。揉面35~40分钟，就可以出膜。

6. 将面包桶取出，放温暖处发酵，至面团原体积的两倍大。

7. 取出面团，排气，揉匀，饧发15分钟；均匀分割成8个小面团。

8. 取其中一个小面团，揉匀后用擀面杖擀成椭圆形，取适量蓝莓酱涂在面皮上。

9. 从上而下卷起来，用刀在表面划三道平行的弯刀形。

10. 放入抹了一层油的烤盘上，或在烤盘上直接放油纸，再次发酵至1.5倍大。

11. 在面包表面刷上鸡蛋液，撒香酥粒。

12. 放入预热190℃烤箱中层，烘烤20分钟后即可出炉。

发酵是面包制作过程中最重要的步骤。面团在基础饧发的过程中，面筋得到充分的氧化，面团的延伸性更好，发酵的正确与否影响到面包品质、保鲜、口感、柔软度和形状等。

家庭烘焙要领

芒果布丁包

原料:

种 面: 高筋面粉700克,酵母12克,鸡蛋150克,牛奶300毫升

面 团: 高筋面粉300克,糖180克,盐14克,黄油140克,水150毫升

菠萝皮: 酥油50克,糖粉40克,鸡蛋30克,高筋面粉80克,盐1克

布丁液: 牛奶200克,芒果汁200毫升,布丁粉50克

制作方法:

1. 制作种面:将种面原料中的高筋面粉和酵母一起搅拌均匀,加入鸡蛋和牛奶一起搅拌至面筋形成。

2. 入发酵箱发酵120分钟,发酵温度为24℃。

3. 将发酵好的种面全部放入搅拌机中,加入面团原料中的的高筋面粉、糖、盐和水,把这些原料完全混合后搅拌速度提高至中速进行搅拌,至九成面筋成型,然后加入黄油,搅拌至面筋完全扩展。

4. 取出后,稍揉面团,盖上保鲜膜,松弛20分钟左右。

5. 将松弛好的面团分割成60克/个的剂子,搓揉成团,表面稍微光滑,盖上保鲜膜,松弛15~20分钟。

6. 制作菠萝皮:将配方中的酥油和糖粉混合在一起,进行充分搅拌,至糖粉完全溶化,酥油颜色发白,然后加入鸡蛋和盐搅打至完全融合,最后加入高筋面粉转慢速搅拌均匀。

7. 取出,将菠萝皮搓光,盖上保鲜膜待用。

8. 制作芒果布丁液:牛奶与芒果汁煮至70℃,放入布丁粉,小火煮开2分钟,过筛即可。

9. 取10克菠萝皮,将松弛好的60克面团表面包住。注意要包得均匀。

10. 包好的生坯入发酵箱,发酵50分钟左右。

11. 入烤箱烘烤,以上火180℃、下火200℃烘烤13分钟。

12. 稍微冷却后,将面包反转过来,用手在底部捏出一个圆窝。

13. 倒入煮好的芒果布丁液即可。

> 布丁液需要过筛数次,质地才会更细腻。过筛后的布丁液静置也是非常重要的,它能使烤出来的布丁组织更加均匀。烘烤的过程中要注意火候,如果烤得过头,布丁内会出现蜂窝状结构,也会失去嫩滑口感。

家庭烘焙要领

葡萄小枕

原料

高筋面粉250克，牛奶120毫升，蜂蜜10毫升，鸡蛋50克，奶粉10克，黄油25克，盐3克，酵母5克，葡萄干30克

制作方法

1.根据一般面包制作方法，把高筋面粉、牛奶、鸡蛋、奶粉、黄油、盐、酵母搅拌均匀，揉成面团，揉至能拉出薄膜的扩展阶段，盖保鲜膜发酵约20分钟。

2.将发酵好的面团分割成65克/个的小面团，盖保鲜膜饧发20分钟左右。

3.将饧发好的小面团擀成长椭圆形，表面刷蜂蜜。

4.将葡萄干平铺在上面，竖向卷起。

5.卷好的面包划斜口，放置温暖潮湿处（有热水的微波炉或烤箱内）发酵至原来的1.5~2倍大小，表面刷蛋黄水。

6.入烤箱，以180℃烘烤15分钟，表面呈金黄色即可出炉。

家庭烘焙要领

时刻调节烤箱的温度是使用家庭式小烤箱的重要方法。

叉烧包

面团： 高筋面粉500克，糖100克，酵母5克，盐5克，鸡蛋45克，水275毫升，酥油50克

酥皮： 低筋面粉200克，高筋面粉50克，糖50克，黄油50克，水75毫升，鸡蛋20克，片状起酥油200克

其他： 叉烧馅适量

制作方法

1. **制作面团：** 将高筋面粉、糖、酵母、盐依次加入搅拌机，慢速搅拌均匀。

2. 加入鸡蛋、水，慢速拌匀转中速搅拌至面筋展开。

3. 加入酥油，慢速拌匀后转中速。

4. 完成后的面团表面光滑，可拉出薄膜状。

5. 慢速搅拌1分钟，使面筋稍作舒缓。

6. 面团搅拌完成后温度在26℃~28℃，松弛15分钟。

7. **制作酥皮：** 将除片状起酥油外的全部材料混匀，用电动搅拌机搅拌成光滑的面团，松弛备用；将面团包住片状起酥油，用棒子压平，折成三层，再压平，再折成三层，再压平，再折成四层，放置一旁松弛；松弛后再压平至3毫米厚，卷成圆条状，放入冰箱冷却至硬，备用。

8. 将发酵好的面团分割成65克/个的小面团，盖保鲜膜饧发20分钟左右。

9. 将饧发好的小面团包入叉烧馅，搓成圆形。

10. 取出硬酥皮团，用刀切成2毫米的片状，用模具整成圆片形，轻轻盖在面包表面上。

11. 入发酵箱，用温度36℃、湿度75%进行二次发酵，约90分钟。

12. 入烤箱，以上火180℃、下火200℃的温度烘焙15分钟。

> 如果时间充足，可以试着制作叉烧馅。主要食材有猪前肩梅花肉200克，酱油、细砂糖、食用油、水淀粉（或者红糟汁）各适量。首先将梅花肉切成小丁，浸入酱汁一晚。第二天，锅中加少许食用油，将肉丁炒至断生，煵出一些油脂。起锅前，淋上30毫升红糟汁即可。

家庭烘焙要领

水果条

原料

高筋面粉500克，糖110克，鸡蛋50克，酵母7克，奶粉20克，水220毫升，奶油50克，盐4克，黄桃、草莓、奇异果各适量

制作方法

1. 将高筋面粉、糖、奶粉、酵母放入搅拌机中。

2. 加水、鸡蛋，搅打至八成筋度。

3. 常温静置发酵3小时，盖保鲜膜保持水分。

4. 发酵后的面，再进入搅拌机，加入奶油、盐，继续搅拌均匀。

5. 取面团，分出若干约60克/个的小面团。

6. 将小面团擀成长椭圆形，卷起，搓成长条，放入烤盘。

7. 入发酵箱，用温度36℃、湿度75%进行二次发酵，约90分钟。

8. 发酵后，表面刷鸡蛋液。

9. 入烤箱，以上火170℃、下火150℃的温度烘烤15分钟左右。

10. 出炉后，中间划开约2/3深，在开口处挤入奶油，放上黄桃、草莓、奇异果即可。

> **家庭烘焙要领**
>
> 时令水果可以根据喜好选择，但如果选择水分含量多的水果，需用厨房纸巾擦拭水果切口渗出的水分。

东京薯泥

原料

面 团：高筋面粉 500 克，糖 100
克，酵母 5 克，盐 5 克，
鸡蛋 40 克，水 275 毫升，
酥油 50 克

薯泥馅：马铃薯 150 克，火腿粒、
葱花、盐各适量

其 他：椰丝适量

制作方法

1. 制作面团：将高筋面粉、糖、酵母、盐
依次加入搅拌机，慢速搅拌均匀。

2. 加入鸡蛋、水，慢速拌匀转中速搅
拌至面筋展开。

3. 加入酥油，慢速拌匀后转中速。

4. 完成后的面团表面光滑，可拉出薄
膜状。

5. 慢速搅 1 分钟，使面筋稍作舒缓。

6. 面团搅拌完成后温度在26℃~28℃，
松弛15分钟。

7. 制作薯泥馅：将马铃薯煮熟碾成泥状，
加入火腿粒、葱花和盐拌匀，备用。

8. 将发酵好的面团分割成每个65克的
小面团，盖保鲜膜饧发20分钟左右。

9. 将分割好的小面团用擀面杖擀成3厘
米厚的面片。

10. 把擀好的面片放到挞模里，让面片
和挞模贴合，去掉挞模边多余的面片。

11. 在面片底部用叉子叉一些小孔，以防止面片在烘焙时
鼓起。

12. 把面片静置松弛至少30分钟，然后放入烤箱，以上火
160℃、下火180℃烘烤15~20分钟，直到面包挞表面焦黄。

13. 取出面包挞，放凉，挤上薯泥馅，在面包挞表面的边
上撒上椰丝即可。

> 入烤箱前，记得在面包挞底
> 部扎一些小孔，这样烘烤时内部
> 产生的热气才能释放，否则面包
> 挞会鼓起甚至被撑破。

家庭烘焙要领

蓝莓巧克力辫包

原料：

高筋面粉500克，糖110克，鸡蛋50克，酵母7克，奶粉20克，水220毫升，奶油50克，盐4克，蓝莓酱、白巧克力各适量

制作方法

1. 将高筋面粉、糖、酵母、奶粉放入搅拌机。

2. 加水、鸡蛋，搅打至八成筋度。

3. 常温静置发酵3小时，盖保鲜膜保持水分。

4. 发酵后的面，再放入搅拌机，加奶油、盐，揉成面团。

5. 取出面团，分成若干约60克/个的小面团。

6. 将小面团擀成长椭圆形，卷起，搓长，三条一组编成辫子形，收口捏紧。

7. 入发酵箱，用温度36℃、湿度75%进行二次发酵，约90分钟。

8. 发酵后，表面刷鸡蛋液。

9. 入烤箱，以上火170℃、下火150℃的温度烘烤15分钟左右。

10. 出炉后，表面抹上蓝莓酱、白巧克力碎即可。

家庭烘焙要领

将买回的冻奶油，分成几份，分别放在保鲜膜里冷冻，这样，每次用的时候，单独拿出一小块熔化就可以了。

果酱巧克力包

原料:

高筋面粉500克，糖100克，酵母5克，盐5克，鸡蛋40克，水275毫升，黄油50克，酥油、巧克力淋酱、蓝莓酱各适量

制作方法

1. 将高筋面粉、糖、酵母、盐依次加入搅拌机，慢速搅拌均匀。

2. 加入鸡蛋、水，慢速拌匀转中速搅拌至面筋展开。

3. 加入酥油，慢速拌匀后转中速。

4. 完成后的面团表面光滑，可拉出薄膜状。

5. 慢速搅拌1分钟左右，使面筋稍作舒缓。

6. 面团搅拌完成后，温度在26℃~28℃，松弛15分钟。

7. 用黄油刷在模具表面。取奶油面团，分出若干约60克/个的剂子，搓圆，放入模具。

8. 入发酵箱，用温度36℃、湿度75%进行二次发酵，约90分钟。

9. 发酵后，在表面均匀刷上鸡蛋液，放入烤盘。

10. 入烤箱，以上火180℃、下火170℃的温度烘烤15分钟左右，出炉。

11. 在面包表面淋上巧克力淋酱。

12. 待巧克力干后，切开，挤入蓝莓酱即可。

家庭烘焙要领

步骤11中的"巧克力淋酱"既可购买也可家庭制作。所需材料为白巧克力120克，牛奶100毫升，鲜奶油55毫升，细砂糖30克，奶油12克。首先将巧克力切成细碎状备用，然后取一锅，将牛奶与鲜奶油一同加入，以中火加热至约85℃即熄火，最后将巧克力碎、细砂糖、奶油加入煮好的锅中，再开小火煮均匀即完成。

荷花包

原料：

高筋面粉500克，糖25克，酵母5克，盐5克，鸡蛋40克，水225毫升，猪油50克，火腿肠1根，肉松、葱花、沙拉酱各适量

制作方法：

1. 将高筋面粉、糖、酵母、盐依次加入搅拌机，慢速搅拌均匀。

2. 加入鸡蛋、水，慢速拌匀转中速搅拌至面筋展开。

3. 加入猪油，慢速拌匀后转中速。

4. 完成后的面团表面光滑，可拉出薄膜状。

5. 慢速搅拌1分钟，使面筋稍作舒缓。

6. 面团搅拌完成后，温度保持在26℃~28℃，然后取60克/个的面团滚圆，松弛15分钟。

7. 将松弛好的面团取出，用擀面杖擀开。

8. 面皮上放一根火腿肠，把擀开的面皮由上而下包入，捏紧收口成棍形。

9. 用剪刀将其剪成八等份，然后依次摆开成荷花形，摆入烤盘内，放入发酵箱内发酵90分钟。

10. 把发酵好的半成品取出，表面刷上鸡蛋液，撒上肉松、葱花，放上1/4个鸡蛋。

11. 挤上沙拉酱，入烤箱，以上火210℃、下火180℃的温度烘烤15分钟，熟透后出炉。

家庭烘焙要领

擀面团时注意消除气泡，不然会影响面包组织。

嵌油面包

菠萝丹麦包

原料

高筋面粉350克，低筋面粉150克，糖75克，盐5克，酵母7克，鸡蛋40克，水275毫升，酥油30克，起酥油200克，菠萝片适量

制作方法

1. 将高筋面粉、低筋面粉、糖、盐、酵母依次加入搅拌机内，慢速拌匀。

2. 加入鸡蛋、水，拌匀。

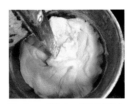

3. 加入酥油，慢速拌匀。

4. 快速搅拌至面筋扩展为五成筋度。

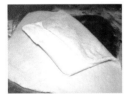

5. 将面团用擀面杖擀平，中间包入起酥油。

6. 用擀面杖擀平，折成3厘米×3厘米×3厘米的形状。

7. 用擀面杖擀成长方形。

8. 将擀开的面团切成等腰三角形。

9. 中间放上菠萝片，用手把顶角向底边对折，将角包入底部，摆入烤盘，放入发酵箱发酵90分钟。

10. 把发酵好的半成品取出，表面刷蛋液，入烤箱，以上火210℃、下火160℃的温度烘烤25分钟即可。

家庭烘焙要领

丹麦面包的面团制作比较费时，所以可以一次制作较多的面团，放置冰箱冷冻保存，使用时取出在室温下放至柔软就可以继续整形，用以制作丹麦牛角、丹麦水果等各式的起酥面包。

丹麦果香

原料：

高筋面粉850克，低筋面粉275克、细砂糖135克，鸡蛋100克，奶粉20克，酵母13克，水600毫升、盐16克，奶油100克，葡萄干、光亮油各适量

制作方法

1. 将细砂糖、水、鸡蛋加入搅拌机内，搅拌至细砂糖溶化。

2. 加入高筋面粉、低筋面粉、奶粉、酵母，慢速拌匀。

3. 快速搅拌1~2分钟，加入奶油、盐后转慢速拌匀。

4. 快速拌至面筋扩展且表面光滑。

5. 分割面团为60克/个。

6. 用手压扁成长方形，盖上保鲜膜，放托盘里，入冰箱冷却最少30分钟。

7. 将冷却好的面团擀开，放上片状奶油，包入面团，再用擀面杖擀开。

8. 将擀开的面皮折三折，轻轻擀平整，如此反复操作三次。

9. 用保鲜膜包好，入冰箱冷却30分钟左右备用。

10. 取出面皮擀成长方形，厚度为0.5厘米，刷上鸡蛋液，撒上肉松。

11. 由上而下卷条状，用刀切成均匀的等份。

12. 排盘入发酵箱，饧发约75分钟，温发为35℃，湿度为70%。

13. 发好后体积约为原来的三倍。

14. 刷上鸡蛋液，撒上葡萄干。

15. 入烤箱，以上火200℃、下火160℃的温度烘烤17分钟左右，出炉冷却，扫上光亮油即可。

> **家庭烘焙要领**
>
> 一般购买的烤箱会附带烤盘和烤网。烤盘用来盛放需要烘烤的食物，如肉类、饼干类和面包等。烤网可以用来放置带有模具的食品，如蛋糕、各种派等，烤网还有一个重要的作用，就是将烤好的食物放置在上面晾凉。

丹麦奶酥

原料

高筋面粉250克，黄油40克，盐1克，细砂糖5克，水120毫升，裹入用黄油190克，鸡蛋液、面粉（防粘用）各适量

制作方法

1. 将40克黄油切成小丁，与过筛后的高筋面粉混合，用手搓至无油颗粒，然后加入细砂糖和盐，分次加入水，揉成团。用保鲜膜包裹面团，室温静饧20分钟。

2. 案板上撒薄粉，用擀面杖敲打裹入用黄油，整形成长方形片状。擀薄后的黄油软硬程度应该和面团硬度基本一致，经过敲打，如果太软可放冰箱冷藏一会儿待用。

3. 案板上撒薄粉，将饧好的面团擀成长方形。擀的时候将四个角向外擀，这样便于把形状擀得均匀。

4. 擀好的面片，其宽度应与整形后的黄油的宽度一致，长度是黄油的三倍。把黄油放在面片中间，将两侧的面片包住黄油，上下端捏紧收口。

5. 将面片擀长，然后像叠被子一样叠四折，用保鲜膜包好，放冰箱静置20分钟。

6. 再重复两次步骤4，冷藏两次各20分钟后备用。

7. 取出面团，将面团擀成长方形，再切成四方形。

8. 对角对折成三角形状，捏紧收口，摆入烤盘，放入发酵箱发酵90分钟。

9. 把发酵好的半成品取出，表面刷上鸡蛋液，表面用剪刀剪开两个口。

10. 入烤箱，以上火210℃、下火160℃的温度烘烤25分钟，熟透后出炉。

家庭烘焙要领

面团如果超过一天不使用，也可以用保鲜袋包严，暂时放入冰箱冷藏保存，大约能保存2个月，使用前在室温下放置20分钟即可。

丹麦牛角包

原料：

高筋面粉200克，低筋面粉50克，牛奶150毫升，酵母6克，盐5克，细砂糖30克，鸡蛋50克，黄油125克

制作方法

1. 将牛奶煮沸，冷却至温热，加入酵母，搅拌均匀至酵母化开，成酵母水；鸡蛋在碗中打散。

2. 将高筋面粉、低筋面粉、盐、细砂糖、软化黄油（25克）混合，加入鸡蛋液（留出10克鸡蛋液刷表面用）和酵母水，搅拌均匀，揉成一个面团，稍有筋度即可。

3. 将和好的面团用保鲜膜包好，进行基本发酵。

4. 将100克黄油放入保鲜袋中，用擀面杖擀成长方形，放入冰箱冷藏室待用。

5. 将发酵好的面团擀成长方形的面片，长度是黄油片的三倍，宽度比黄油片略宽。

6. 将黄油片放在面片中央，将两边的面片向中央折起，包住黄油片，然后将上下两端捏紧。

7. 将步骤6折好的面片再次擀成长方形，然后再像步骤6一样将面片折起。

8. 将折好的面片放回冰箱冷藏室，冷藏松弛20分钟。

9. 取出面片，重复步骤6～8。

10. 再次重复步骤7～9，完成最后一次三折。

11. 将折好的面片擀成0.4厘米厚、宽10厘米、长20厘米的面片，然后用刀切成底边为8厘米的等边三角形。

12. 用刀在三角形面片底边中央的位置切一刀，将两边向上翻起，慢慢向上卷起，快卷至顶部的时候在面片小尖的地方刷上鸡蛋液，然后全部卷起，卷成牛角状的面包坯。

13. 将卷好的面包坯码入烤盘中，面包坯与面包坯之间要留出一定的间隔，盖上保鲜膜，进行最后发酵。

14. 将发酵好的面包坯表面刷上鸡蛋液。

15. 烤箱预热后，将烤盘移入烤箱，以200℃火力烘焙12分钟。

> **家庭烘焙要领**
>
> 制作这款面包时，应注意把握好时间，尽量不要拖得太长。因为面团在发酵过程中，如果时间太长，面团发酵过度，烤出来的面包就大打折扣了。

香菇六婆

原料

高筋面粉250克，黄油40克，盐1克，细砂糖5克，水120毫升，裹入用黄油190克，奶油奶酪30克，面粉（防粘用）、鸡蛋液、柠檬汁、香菇碎、黑芝麻各适量

制作方法

1. 制作面团：将40克黄油切成小丁，与过筛后的高筋面粉混合，用手搓至无油颗粒，然后加入细砂糖和盐，分次加入水，揉成团。用保鲜膜包裹面团，室温静饧20分钟。

2. 案板上撒薄粉，用擀面杖敲打裹入用黄油，整形成长方形片状。

3. 案板上撒薄粉，将饧好的面团擀成长方形。

4. 擀好的面片，其宽度应与整形后的黄油的宽度一致，长度是黄油的三倍。把黄油放在面片中间，将两侧的面片包住黄油，将上下端捏紧收口。

5. 将面片擀长，然后像叠被子一样叠四折，用保鲜膜包好，放冰箱静置20分钟。

6. 再重复两次步骤4，冷藏两次各20分钟后备用。

7. 制作香菇奶酪馅：香菇煮熟后去除水分，切成香菇碎，将其和软化的奶酪混合均匀后加入适量的盐，再加几滴柠檬汁去腥，备用。

8. 取出面团，擀成2厘米厚的面片，再切成四份均匀的方形的面片。

9. 取其中一张方形面片垫底，放入香菇奶酪馅，然后把余下的三张面片平铺在馅面上，稍收口，入烤盘发酵60分钟。

10. 把发酵好的半成品取出，表面刷上鸡蛋液，撒上黑芝麻。

11. 入烤箱，以上火200℃、下火160℃的温度烘烤20分钟，熟透后出炉。

家庭烘焙要领

烘焙的温度对这款面包十分重要。温度过低，会影响面包分层起酥。温度过高，面团太快定型，也会影响面包的起酥与体积。200℃是最佳温度。但如果你发现在这个温度下表面容易烤煳，可以在面团充分膨起后，再把温度调低。

绝对芋泥

原料：

面 团：高筋面粉 250 克，黄油 40 克，盐 1 克，细砂糖 5 克，水 120 毫升，裹入用黄油 190 克

芋泥馅：芋头 100 克，糖粉 20 克，奶粉 50 克，奶油 50 克

其 他：鸡蛋液适量

制作方法

1. 制作面团：将 40 克黄油切成小丁，与过筛后的高筋面粉混合，用手搓至无油颗粒，然后加入细砂糖和盐，分次加入水，揉成团。用保鲜膜包裹面团，室温静饧 20 分钟。

2. 案板上撒薄粉，用擀面杖敲打裹入用黄油，整形成长方形片状。擀薄后的黄油软硬程度应该和面团硬度基本一致，经过敲打，如果太软可放冰箱冷藏一会儿待用。

3. 案板上撒薄粉，将饧好的面团擀成长方形。擀的时候将四个角向外擀，这样便于把形状擀得均匀。

4. 擀好的面片，其宽度应与整形后的黄油的宽度一致，长度是黄油的三倍。把黄油放在面片中间，将两侧的面片包住黄油，将上下端捏紧收口。

5. 将面片擀长，然后像叠被子一样叠四折，用保鲜膜包好，放冰箱静置 20 分钟。

6. 再重复两次步骤 4，冷藏两次各 20 分钟后备用。

7. 制作芋泥馅：芋头洗净烤熟后去皮并碾压成碎泥状，加入糖粉、奶油、奶粉，一起搅拌均匀，备用。

8. 取出面团，切割成 60 克 / 个的小面团。

9. 包入芋泥馅，捏紧收口。

10. 将包了馅的面包坯卷成橄榄形。

11. 将卷好的面包坯码入烤盘中，盖上保鲜膜，进行最后发酵。

12. 发酵好的面包胚表面刷上鸡蛋液。

13. 烤箱预热后，将烤盘移入烤箱，以 200℃火力烘烤 20 分钟。

> **家庭烘焙要领**
>
> 小的面团搓圆姿势：将手指蜷曲成猫爪般的姿势，把面团紧紧按在揉面台上，同时逆时针滚动。重复这个动作 3～4 次，注意面团搓圆时会有黏手的现象。

黄桃丹麦

原料

高筋面粉350克，低筋面粉150克，糖75克，盐5克，酵母7克，鸡蛋40克，水265毫升，酥油30克，起酥油200克，蛋水、黄桃各适量

制作方法

1. 将高筋面粉、低筋面粉、糖、盐、酵母依次加入搅拌机内，慢速拌匀。

2. 加入鸡蛋、水，拌匀。

3. 加入酥油，慢速拌匀。

4. 快速搅拌至面筋扩展为五成筋度。

5. 用擀面杖擀平面团，中间包入起酥油。

6. 再用擀面杖擀平，折成3厘米×3厘米×3厘米的形状。

7. 用擀面杖擀成长方形。

8. 将擀开的面皮叠起，切成四方形，再折成长方形，在长方形边线处分别切一刀。

9. 把面皮摊开，将开刀的两边向内对折。

10. 将半成品摆入烤盘，放入发酵箱发酵90分钟。

11. 把发酵好的半成品取出，表面刷鸡蛋水，入烤箱，以上火210℃、下火160℃的温度烤25分钟后出炉，中心摆上黄桃即可。

> 家庭烘焙要领
>
> 烘烤时注意火候，颜色烤至金黄色即可。

其他类

杂粮餐包

第一章
面包基础知识

第二章
主食面包

第三章
点心面包

原料

高筋面粉900克，杂粮粉100克，红糖150克，盐20克，奶粉20克，蛋牛奶浆20克，鸡蛋90克，水550毫升，酥油100克，酵母10克，瓜子仁300克，沙拉酱适量

制作方法

1. 把高筋面粉、杂粮粉、红糖、盐、奶粉、蛋牛奶浆、鸡蛋、水、酥油、酵母依次加入搅拌机内搅拌。

2. 把瓜子仁加入搅拌机内搅拌。

3. 搅拌至九成筋度。

4. 转入慢速搅拌1分钟形成面团（面团温度28℃）。

5. 搅拌好的面团松弛15分钟。

6. 取出30克/个松弛好的面团，用手掌压扁展开，将顶端边缘向内折，由上而下慢慢卷入，捏紧收口成橄榄形。

7. 把整好形的半成品摆入烤盘，放入发酵箱发酵90分钟。

8. 把发酵好的半成品取出，表面挤上沙拉酱，入烤箱，以上火210℃、下火160℃的温度烘烤25分钟，熟透后出炉。

> 杂粮粉，是由各种杂粮原材料低温烘焙熟后磨成的粉，未经膨化，在加工过程中也未添加任何速溶剂，因此能最完整地保留原料的营养成分。此款面包在制作造型时面团接口要包紧。
>
> 家庭烘焙要领

香葱芝士面包

 原料:

高筋面粉 140 克, 水 80 毫升,
细砂糖 20 克, 黄油 15 克, 鸡蛋
液 10 克, 盐 3 克, 干酵母 5 克,
奶粉 6 克, 马苏里拉芝士 60 克,
干葱末 2 克, 沙拉酱适量

制作方法

1. 将高筋面粉、水、细砂糖、黄油、
鸡蛋液、盐、干酵母、奶粉搅拌均匀,
揉成面团, 揉至拉出薄膜的扩展阶段。
在室温下发酵到 2.5 倍大 (28℃的温
度下需要 1 个小时左右)。把发酵好
的面团排出空气, 分成 6 份后揉圆,
进行 15 分钟中间发酵。

2. 取一个中间发酵好的面团, 放在
案板上, 用手慢慢搓成长条。

3. 把搓成长条的面团放在烤盘上,
压至稍微变扁。

4. 按此方法做好所有 6 根面包条, 把
整好形的面团进行最后发酵, 在温度为
38℃、湿度为 85% 的环境下, 发酵 40
分钟左右, 直到面团变成原来的两倍大。

5. 在面团上挤上线条状的沙拉酱。

6. 撒上刨成丝的马苏里拉芝士和干葱末, 放入预热好
180℃的烤箱, 烤约 15 分钟, 等面包表面的芝士丝熔化
并呈现金黄色即可出炉。

> 配料里使用的马苏里拉芝士,
> 即制作比萨时使用的芝士, 在大
> 型超市有售。也可用其他品种的
> 芝士代替, 不过可能没有马苏里
> 拉芝士容易熔化, 而且在烤后仍
> 会保持烤之前的芝士丝形状。把
> 香葱切成小段, 放在太阳下晒干
> 即可得到干葱末。市场上也有成
> 品的干葱末出售。

家庭烘焙要领

麻薯波波

原料

麻薯粉 250 克，鸡蛋 50 克，奶粉 1 克，黑芝麻 30 克，盐、橄榄油、水各适量

制作方法

1. 将一个鸡蛋打入面包机桶内，倒入水与橄榄油。

2. 倒入 250 克麻薯粉，加入少许盐。

3. 启动搅拌机，搅拌成团后，再加入黑芝麻、奶粉，搅拌 5 分钟。

4. 然后将面团装入挤袋。

5. 挤出形状（小圆形）。

6. 放入预热好的烤箱，用 185℃的温度烤 20 分钟。

7. 出炉放凉就可以食用。

家庭烘焙要领

麻薯面包制作很简单，并不需要像制作其他面包那样和面、发酵等繁琐过程。只需要把所有原料拌制就可以了，也可以依个人喜好做出较多口味，如抹茶、巧克力、红豆等。为了防止底部烤焦，烤箱最底层多放一个空烤盘为佳。

芝麻条

原料：

高筋面粉 500 克，糖 100 克，酵母 5 克，盐 5 克，鸡蛋 50 克，水 250 毫升，酥油 50 克，黑芝麻、白芝麻、沙拉酱各适量

制作方法

1. 将高筋面粉、糖、酵母、盐依次加入搅拌机，慢速搅拌均匀。

2. 加入鸡蛋、水，慢速拌匀转中速打至面筋展开。

3. 加入酥油，慢速拌匀后转中速。

4. 完成后的面团表面光滑，可拉出薄膜状。

5. 慢速拌 1 分钟，使面筋稍作舒缓。

6. 面团搅拌完成后温度在 26℃ ~ 28℃，松弛 15 分钟。

7. 取 60 克/个的面团滚圆，松弛 15 分钟。

8. 将松弛好的面团取出压平，由外向内卷起；成长条形。

9. 将整好形的面团表面粘上白芝麻和黑芝麻，放入发酵箱，发酵 70 分钟。

10. 将发酵好的面团取出，挤上沙拉酱。

11. 入烤箱，以上火 200℃、下火 180℃的温度烘烤 12 分钟，熟透后出炉。

家庭烘焙要领

面包店的面包为什么可以放好几天还那么柔软？答案就在于改良剂与乳化剂。自家做的面包不添加这两种物质，很难达到这样的效果。如果面包变硬了，表面喷一些水，重新放入烤箱加热两三分钟就可以恢复松软。

椰丝条

原料

鸡蛋液 20 克，低筋面粉 30 克，黄油 32 克，高筋面粉 170 克，酵母 1.5 克，牛奶 100 毫升，椰丝适量

制作方法

1. 将鸡蛋液、低筋面粉、高筋面粉、酵母、牛奶放入面包机，揉至 10 分钟，放入黄油，接着揉至完成阶段。

2. 移至温暖处发酵至两倍大，用手戳小洞不立刻回弹就可以了。

3. 将发酵好的面团取出，分成 6 小份，滚圆。

4. 表面刷水，捏住底部，将表面粘一层椰丝，排在铺油纸的烤盘上。

5. 烤箱预热 100℃，之后关闭烤箱，放一碗热水在底层，将面包坯放入，进行二次发酵至两倍大。

6. 烤箱预热 170℃，烘焙 20 分钟左右即可。

> **家庭烘焙要领**
>
> 面团第一次发酵，用手指粘干面粉，插进面团。若小坑很快回缩则发酵未完成，反之则发酵完成。可以在烤箱里放热水，将面团放到大小适合的容器，覆盖保鲜膜，进行发酵。装面团的容器底部不要直接接触到热水，可以在下面垫一个碗或者蒸架。

火腿肉松

原料

高筋面粉 500 克，糖 100 克，酵母 5 克，盐 5 克，鸡蛋 50 克，水 250 毫升，酥油 50 克，火腿粒、肉松、葱花、沙拉酱各适量

制作方法

1. 将高筋面粉、糖、酵母、盐依次加入搅拌机，慢速搅拌均匀。
2. 加入鸡蛋、水，慢速拌匀转中速搅拌至面筋展开。
3. 加入酥油，慢速拌匀后转中速。
4. 完成后的面团表面光滑，可拉出薄膜状。
5. 慢速拌1分钟，使面筋稍作舒缓。
6. 面团搅拌完成后温度在26℃~28℃，松弛15分钟。
7. 取60克/个的面团滚圆，松弛15分钟。
8. 将松弛好的面团取出，用擀面杖擀开。
9. 把擀开的面皮用切刀将其切成三等份。

10. 将其编成辫子形，捏紧收口，摆入烤盘，放入发酵箱，发酵80分钟。
11. 把发酵好的半成品取出，表面刷上鸡蛋液，撒上火腿粒、葱花。
12. 入烤箱，以上火210℃、下火180℃的温度烘烤15分钟，熟透后出炉。
13. 在表面挤上沙拉酱，粘上肉松即可。

> 在烤制之前有些配方可能要在面团上刷鸡蛋液，或者是划出刀口等。无论是刷鸡蛋液还是划刀口，注意动作一定要轻。要烤出不同特色的面包皮，可以选择不同的材料涂刷表面。刷牛奶，面包可呈浅棕黄色软皮。刷全鸡蛋液，面包可呈金红色亮皮。刷蛋黄和水，面包可呈金黄色亮皮。刷熔化的奶油，面包可呈浅黄色软皮。

家庭烘焙要领

黄金条

原料

水275毫升，糖100克，鸡蛋40克，蛋牛奶浆10克，高筋面粉500克，酵母5克，盐5克，酥油50克，葡萄干150克，沙拉酱适量

制作方法

1. 将水、糖、鸡蛋、蛋牛奶浆依次加入搅拌机内搅拌，再放入高筋面粉、酵母继续搅拌，搅拌至六成筋度，放入盐、酥油、葡萄干搅拌成面团。

2. 取 60 克 / 个的面团滚圆，松弛 15 分钟。

3. 把松弛好的面团用擀面杖擀开。

4. 把擀开的面皮由上而下卷入，捏紧收口成棍形。

5. 摆入烤盘内放入发酵箱，发酵 90 分钟。

6. 把发酵好的半成品取出，表面刷上鸡蛋液。

7. 挤上沙拉酱，入烤箱，以上火 200℃、下火 140℃的温度烘烤 15 分钟，熟透后出炉。

> **家庭烘焙要领**
>
> 制作大多数甜面包都会使用鸡蛋。鸡蛋的应用主要体现在两个方面：一是作为配料加入面粉里揉成面团，构成面团的主要成分；二是作为表面刷液刷在面团表面这样烤出的面包会呈现诱人的金黄色光泽。

手指包

原料：

高筋面粉 200 克，酵母 3 克，糖
10 克，盐 4 克，黄油 20 克，水
110 毫升，鸡蛋液适量

制作方法

1. 将高筋面粉、酵母、糖、盐、黄油、
水混合均匀，揉至光滑。

2. 加入黄油，揉至出薄膜。

3. 发酵至两倍大，用手指粘面粉，
按在面团上，面团不会反弹为宜。

4. 取 32 克 / 个的小面团滚圆，上面
盖保鲜膜，静置 10 分钟。

5. 分别用擀面杖擀成长条形，盖保鲜
膜，静置 10 分钟。

6. 再分别擀到合适的长度。

7. 在长面条上，刷鸡蛋液。

8. 将面包条放在烤盘上。

9. 再次发酵 30 分钟。

10. 烤箱预热到 180℃，烘烤 15 分钟左右即可。

> 如果面团发酵过度或发酵温
> 度太高时，则面团会变得黏稠，
> 凹痕不会恢复，且面团难以操作，
> 并带有酸味而使产品品质较差。
> 但有时视程度的严重与否，还是
> 有可能拿来制作面包的。不过，
> 烘焙好以后，可能会有酒精臭味。

家庭烘焙要领

提子小圆包

原料

高筋面粉200克，细砂糖25克，盐3克，酵母5克，温水120毫升，鸡蛋液15克，葡萄干、黄油各适量

制作方法

1. 用一半的温水化开酵母，成酵母水。

2. 将高筋面粉、细砂糖、盐混合，加入酵母水和剩余的温水，搅拌均匀，和成面团。

3. 面团中加入黄油、葡萄干，继续揉面，直至揉成一个能拉出透明薄膜状的光滑面团。

4. 将揉好的面团放进一个大容器中，用保鲜膜封住容器口，开始进行基本发酵。

5. 待面团膨胀到原来的两倍大，将发酵好的面团分成每份20克的小面团，滚圆后排在烤盘中，盖上保鲜膜，进行最后发酵。

6. 待面团最后发酵好，在面包坯表面刷上鸡蛋液。

7. 烤箱预热后，将烤箱移入烤盘，以170℃的温度烘烤18分钟。

> **家庭烘焙要领**
>
> 制作面包的最佳油脂是黄油。黄油为面包带来了独特香味及更柔软的口感。早期国内面包店也曾流行用猪油制作面包，是另一番风味。当然，如果你两种油都不想使用，选用植物油亦可。

手撕包

 原料:

高筋面粉150克，低筋面粉100克，黄油15克，鸡蛋50克，水90毫升，盐5克，细砂糖25克，酵母3克，黄油140克

制作方法

1. 借助于尺子将黄油擀成正方形。
2. 将除黄油外的原料先揉至光滑，再加入黄油，揉至扩展阶段，然后发酵至两倍大，再擀成方形。
3. 在案板上撒些高筋面粉，将面团擀成片放在下面，黄油放在上面。
4. 面片刚好可以把黄油片包住即可，捏紧。
5. 将包好的面团擀长，面团和黄油要步调一致。
6. 先把左边的1/3面片折过来，再把右边的1/3面片折过去，就完成了一次三折。将面团放冰箱冷藏饧一下。
7. 然后把面团转成90°，再按步骤5~6操作一次，完成第二次三折。
8. 最后再把面团转成90°，再按步骤5~6操作一次，完成第三次三折。

9. 面团擀成24厘米长的面片，然后在面片上每2厘米做出记号。
10. 将面团切成五到六份，取其中一份弯曲。
11. 放入模具中，饧发至两倍大，将烤箱预热210℃，放中层烤至上色即可。

家庭烘焙要领

裹入用黄油和面团，一定要保持相同的软硬程度。如果你的室温比较低，建议不要尝试。因为面团很容易发软，而黄油比较容易发硬。如果再擀不开，就会造成黄油断裂。10℃~20℃是最佳温度。

香甜小餐包

原料

高筋面粉400克，牛奶100毫升，细砂糖40克，鸡蛋50克，色拉油20毫升，奶油20克，酵母4克，盐2克

制作方法

1. 在面包机里放入高筋面粉、细砂糖、鸡蛋、色拉油、奶油、酵母、盐，启动面包机的"发面"程序，揉面30分钟。

2. 加入牛奶，再启动面包机的"发面"程序，揉面20分钟。

3. 让面团发酵到两倍大。

4. 揉面排气，把面团分成60克/个的小面团，盖上保鲜膜，饧发15分钟。

5. 把小面团整成圆形，放手上搓圆。

6. 放入烤盘，开始二次饧发，让小面团饧发到两倍大左右。

7. 烤箱预热190℃，烤盘放入中层，烤15～20分钟，取出放在烤架上放凉即可。

> **家庭烘焙要领**
>
> 很多人觉得自己做的面包吃起来没有外面卖的那么满口生香（闻起来倒还不错），这是正常的。因为我们没有放香精之类的添加剂。但是如何让面包吃起来香呢？我们自己可以动点小脑筋，比如像这款餐包我们就加了点奶油来提高口感。

纯肉松包

 原料：

高筋面粉 500 克，糖 100 克，酵母 5 克，盐 5 克，鸡蛋 50 克，水 250 毫升，酥油 50 克，肉松、沙拉酱各适量

制作方法

1. 将高筋面粉、糖、酵母、盐依次加入搅拌机，慢速搅拌均匀。

2. 加入鸡蛋、水，慢速拌匀转中速搅拌至面筋展开。

3. 加入酥油，慢速拌匀后转中速。

4. 完成后的面团表面光滑，可拉出薄膜状。

5. 慢速搅拌 1 分钟，使面筋稍作舒缓。

6. 面团搅拌完成后温度在 26℃~28℃，松弛 15 分钟。

7. 取 60 克/个的面团滚圆，松弛 15 分钟。

8. 把小面团整成橄榄形。

9. 放入烤盘，开始第二次发酵，让小面团发到两倍大左右。

10. 烤箱预热 190℃，烤盘放入中层，烤 15~20 分钟，取出放在烤架上放凉。

11. 用刀在面包中间（打竖）划一道长口，中间挤入沙拉酱，合上切口，再在面包表面抹一层薄薄的沙拉酱，撒上肉松即可。

家庭烘焙要领

食谱上多有明确列出所需的时间，但是有时候，温度高会延长食谱规定的烘烤时间，所以要考量烘烤当天的天气湿度。

甜甜圈包

原料

高筋面粉500克，糖100克，酵母5克，盐5克，鸡蛋50克，水275毫升，酥油50克，香酥粒适量

制作方法

1. 将高筋面粉、糖、酵母、盐依次加入搅拌机，慢速搅拌均匀。

2. 加入鸡蛋、水，慢速拌匀转中速搅拌至面筋展开。

3. 加入酥油，慢速拌匀后转中速。

4. 完成后的面团表面光滑，可拉出薄膜状。

5. 慢速拌1分钟，使面筋稍作舒缓。

6. 面团搅拌完成后温度在26℃~28℃，松弛15分钟。

7. 取面团，分出若干约60克/个的小面团。

8. 擀开成长形，卷起搓成长条，将一头擀薄，另一头弯起包入。

9. 放入发酵箱，用温度36℃、湿度75%进行二次发酵，约90分钟。

10. 发酵好后，表面刷上鸡蛋液，撒上香酥粒碎。

11. 放烤盘，入烤箱，以上火180℃、下火170℃的温度烤15分钟左右。

> **家庭烘焙要领**
>
> 甜甜圈面包第二次发酵完成后，会变得非常柔软，拿起来的时候要非常小心，手上要多撒一些干粉，以免面团黏在手上。

蓝莓排包

原料：

高筋面粉 100 克，糖 100 克，酵母 5 克，盐 5 克，鸡蛋 45 克，水 275 毫升，酥油 50 克，蓝莓酱、香酥粒各适量

制作方法

1. 将高筋面粉、糖、酵母、盐依次加入搅拌机，慢速搅拌均匀。

2. 加入鸡蛋、水，慢速拌匀转中速搅拌至面筋展开。

3. 加入酥油，慢速拌匀后转中速。

4. 完成后的面团表面光滑，可拉出薄膜状。

5. 慢速拌1分钟，使面筋稍作舒缓。

6. 面团搅拌完成后温度在26℃~28℃，松弛15分钟。

7. 取出面团，分出若干约60克/个的小面团。

8. 擀开成长形，卷起搓成长条，两条黏合成一个，放入烤盘。

9. 入发酵箱，用温度36℃、湿度75%进行二次发酵，约90分钟。

10. 发酵好后，表面刷上鸡蛋液，在条与条之间挤上蓝莓酱，再撒上香酥粒碎，放烤盘。

11. 入烤箱，以上火180℃、下火170℃的温度烤15分钟左右。

家庭烘焙要领

整形的时候，如果将面团搓成长条的时候感到比较困难（面团回缩），可以让面团静置片刻再慢慢地搓长。

椰香奶条

原料

高筋面粉500克，糖100克，酵母5克，盐5克，鸡蛋45克，水275毫升，酥油50克，椰丝馅适量

制作方法

1. 将高筋面粉、糖、酵母、盐依次加入搅拌机，慢速搅拌均匀。

2. 加入鸡蛋、水，慢速拌匀转中速搅拌至面筋展开。

3. 加入酥油，慢速拌匀后转中速。

4. 完成后的面团表面光滑，可拉出薄膜状。

5. 慢速搅拌1分钟，使面筋稍作舒缓。

6. 面团搅拌完成后温度在26℃~28℃，松弛15分钟。

7. 取出面团，分出若干约60克/个的小面团。

8. 将小面团擀成长椭圆形，卷起，切开编成辫子形状，放入烤盘。

9. 入发酵箱，用温度36℃、湿度75%，进行二次发酵，约90分钟。

10. 发酵好后，表面扫鸡蛋液，在表面挤上椰丝馅。

11. 入烤箱，以上火170℃、下火150℃的温度，烤15分钟左右即可。

> **家庭烘焙要领**
>
> 烤盘应放在烤箱中间位置，烤制过程中要注意观察，以免过火。刷鸡蛋液时下手要轻，鸡蛋液不要刷得太厚。

全麦方包

原料：

水 300 毫升，鸡蛋 25 克，蛋牛奶浆 8 克，高筋面粉 500 克，全麦粉 100 克，酵母 5 克，红糖 25 克，猪油 25 克，盐 5 克

制作方法

1. 把水、鸡蛋、蛋牛奶浆、高筋面粉、全麦粉、酵母依次加入搅拌机内搅拌。
2. 把红糖、猪油、盐依次加入搅拌。
3. 搅拌至九成筋度。
4. 转入慢速搅拌 1 分钟形成面团（面团温度 28℃）。
5. 然后取 120 克 / 个的面团滚圆，松弛 15 分钟。
6. 用擀面棍将松弛好的面团擀开，由上而下卷入，捏紧收口。

7. 用切刀将其分成四等份，并排摆入模具内，放入发酵箱内发酵 90 分钟。
8. 入烤箱，以上火 200℃、下火 200℃ 的温度烘烤 40 分钟，熟透后出炉，切片即可。

> **家庭烘焙要领**
>
> 一般我们制作全麦面包，为了保证面包的口感，总是要在全麦粉中加入一定的高筋面粉。而使用 100% 全麦粉制作的面包，它的组织不会像普通面包一般细腻和柔软。因为全麦粉中的麸质会切断面筋，所以这款面团不需要揉到扩展阶段。事实上，也很难揉到扩展阶段，只要揉到表面光滑即可。

燕麦小餐包

原料

高筋面粉900克，杂粮粉100克，红糖150克，盐5克，奶粉20克，蛋牛奶浆20克，鸡蛋90克，水550毫升，酥油100克，酵母10克，沙拉酱、燕麦片各适量

制作方法

1. 先把高筋面粉、杂粮粉、红糖、盐、奶粉、蛋牛奶浆、鸡蛋、水、酥油、酵母依次加入搅拌机内搅拌。

2. 再加入燕麦片搅拌。

3. 搅拌至九成筋度。

4. 转入慢速搅拌 1 分钟形成面团（面团温度28℃）。

5. 搅拌好的面团松弛 15 分钟。

6. 取出 30 克 / 个松弛好的面团，用手掌压扁展开，将顶端边缘向内折，由上而下慢慢卷入，捏紧收口成橄榄形。

7. 把整好形的半成品粘上燕麦片，摆入烤盘，放入发酵箱发酵 90 分钟。

8. 再把发酵好的半成品取出，表面挤上沙拉酱，撒上燕麦片。

9. 入烤箱，以上火 210℃、下火 160℃的温度烘烤 25 分钟，熟透后出炉。

家庭烘焙要领

撒燕麦片的时候，必须等刷好沙拉酱，面团表面产生黏性后再撒，否则会粘不住。出炉后，在 8 个小时内吃完为宜。否则面包表皮会变得不好吃，面包组织也会不松软。

胡萝卜餐包

高筋面粉110克，低筋面粉30克，胡萝卜90克，水45毫升，鸡蛋15克，细砂糖20克，盐2克，酵母5克，奶粉6克，黄油15克，鸡蛋液适量

制作方法

1. 将胡萝卜切成丝，备用。

2. 根据面包制作的基本流程，把高筋面粉、低筋面粉、胡萝卜丝、水、鸡蛋、细砂糖、盐、酵母、奶粉、黄油、鸡蛋液混合均匀，揉成面团，并揉至扩展阶段，在28℃左右的温度下进行第一次发酵。

3. 大约1个小时，发酵到2~2.5倍大以后，用手把面团里的气体压出来，并将面团分成8等份，分别揉成圆形，放在室温下饧发15分钟。

4. 饧发好后整形，取一个圆面团在撒了干面粉的案板上搓成小圆形。

5. 把整好形的圆形面团放入烤盘内，每个面团之间留出足够的空隙，把面团放在温度为38℃、湿度为85%的环境下进行最后发酵。

6. 大约40分钟，发酵到两倍大以后，在面团表面刷上一层鸡蛋液。

7. 把面团放进预热到180℃的烤箱的中层，用上下火烤10分钟左右，至表面呈金黄色即可出炉。

> 此款餐包也可以考虑将胡萝卜丝换成胡萝卜汁。把胡萝卜放入料理机中打成汁，与面团一起混合。但要注意在揉成面团的过程中，如果感觉水分不够，可以酌情添加一些水，直到面团达到合适的软硬程度。

家庭烘焙要领

芥菜餐包

原料

高筋面粉500克，糖75克，酵母8克，盐5克，鸡蛋50克，芥菜水250毫升，酥油50克，沙拉酱适量

制作方法

1. 将高筋面粉、糖、酵母、盐依次加入搅拌机内，搅拌均匀。

2. 将鸡蛋、芥菜水依次加入，搅拌。

3. 将酥油加入搅拌机内，搅拌至七成筋度。

4. 直至拌成光滑面团（面团温度28℃）。

5. 面团松弛15分钟后分成60克/个。

6. 将面团搓圆。

7. 把整好造型的面团摆入烤盘内，放入发酵箱发酵90分钟。

8. 最后把发酵好的半成品取出，表面挤上沙拉酱。

9. 入烤箱，以上火200℃、下火140℃的温度烘烤12分钟，熟透后出炉。

家庭烘焙要领

芥菜水，即用豆浆机加水打成的芥菜汁。也可根据个人口味换成其他蔬菜汁。

提子肉松包

原料：

高筋面粉160克，低筋面粉60克，细砂糖30克，盐3克，干酵母4克，水100毫升，鸡蛋25克，奶粉7克，黄油22克，沙拉酱、葡萄干、肉松各适量

制作方法

1. 根据一般面包制作方法，把高筋面粉、低筋面粉、细砂糖、盐、干酵母、水、鸡蛋、奶粉、黄油、葡萄干搅拌均匀，揉成面团，揉至能拉出薄膜的扩展阶段，在28℃左右基本发酵1小时（发酵到2.5倍大），将发酵好的面团用手压出气体，揉圆，进行15分钟中间发酵。

2. 将中间发酵好的面团，用擀面杖擀成方形的薄片，大小尽量与烤盘一致。

3. 将擀好的面片放入铺了油纸的烤盘里，用刀切掉多余部分，使它和烤盘完全贴合。

4. 面片铺好以后，进行最后一次发酵，用温度38℃、湿度85%发酵40~60分钟，直到面片厚度变成原来的两倍。

5. 发酵好以后，从烤箱取出烤盘，将烤箱预热到180℃，在发酵好的面团上刷鸡蛋液，放进预热好的烤箱，烤12分钟左右，直到面包表面呈金黄色。

6. 烤好的面包，倒扣在另一张干净的油纸上，移去烤盘，并撕去底部的油纸，等待面包冷却。

7. 将面包的四边切去，使面包成为规则的方形。

8. 在准备开始卷起来的一边用刀划几条口子，但不要划断。

9. 将面包紧紧地卷起来，卷好的面包用油纸包裹起来，静置30分钟，使面包卷定型。

10. 面包卷定型后，撤去油纸，将面包卷切成三段，每一段的两端都抹上沙拉酱，粘上肉松即可。

> 面团经过适当的松弛之后，将其整出理想的形状，如圆形、长条形、橄榄形及吐司标准整形法等，再放入烤模中或平烤盘上。整形过程步骤是否准确，面团与面团之间距离是否妥当，都关系着面包内部组织及外表形状，严重影响面包品质，不可疏忽。

家庭烘焙要领

黑麦杂粮面包

原料

高筋面粉900克，杂粮粉100克，红糖150克，盐5克，奶粉20克，蛋牛奶浆20克，鸡蛋90克，水550毫升，酥油100克，酵母10克，瓜子仁300克，沙拉酱、麦片各适量

制作方法

1.把高筋面粉、杂粮粉、红糖、盐、奶粉、蛋牛奶浆、鸡蛋、水、酥油、酵母依次加入搅拌机内搅拌。

2.把瓜子仁加入搅拌机内搅拌。

3.搅拌至九成筋度。

4.转入慢速搅拌1分钟形成面团（面团温度28℃）。

5.搅拌好的面团松弛15分钟。

6.取120克/个松弛好的面团，用手掌压扁展开。

7.将顶端边缘向内折，由上而下慢慢卷入，捏紧收口成橄榄形。

8.把整好造型的半成品粘上麦片，摆入烤盘，放入发酵箱发酵90分钟后取出，表面挤上沙拉酱。

9.入烤箱，以上火210℃、下火160℃的温度烘烤25分钟，熟透后出炉。

家庭烘焙要领

面团筋度打至九成即可。

咖啡面包

 原料：

糖25克，水300毫升，鸡蛋20克，蛋牛奶浆8克，高筋面粉500克，全麦粉100克，酵母5克，猪油25克，盐5克，咖啡10克，麦片适量

制作方法

1. 把糖、水、鸡蛋、蛋牛奶浆、高筋面粉、全麦粉、酵母依次加入搅拌机内搅拌。

2. 把猪油、盐、咖啡依次加入搅拌机内搅拌。

3. 搅拌至九成筋度。

4. 转入慢速搅拌1分钟形成面团（面团温度28℃）。

5. 搅拌好的面团松弛15分钟。

6. 取出300克松弛好的面团，用擀面棍将松弛好的面团擀开。

7. 将顶端边缘向内折，由上而下慢慢卷入，捏紧收口成橄榄形。

8. 搓成长条状，粘上麦片。

9. 摆入烤盘内，放入发酵箱发酵90分钟。

10. 把发酵好的半成品取出，表面用刀均匀切出三个口。

11. 入烤箱，以上火200℃、下火140℃的温度烘烤25分钟，熟透后出炉。

家庭烘焙要领

连续分割，极易因分割时间的延长而使事先分割好的面团水分很快蒸发掉。相对比较硬一点的面团一定要用保鲜膜覆盖好。

牛奶餐包

原料：

高筋面粉 500 克，糖 100 克，酵母 5 克，盐 5 克，鸡蛋 25 克，水 275 毫升，酥油 50 克，椰汁馅适量

制作方法

1. 将高筋面粉、糖、酵母、盐依次加入搅拌机，慢速搅拌均匀。

2. 加入鸡蛋、水，慢速拌匀转中速搅拌至面筋展开。

3. 加入酥油，慢速拌匀后转中速。

4. 完成后的面团表面光滑，可拉出薄膜状。

5. 再慢速搅拌1分钟，使面筋稍作舒缓。

6. 面团搅拌完成后温度在26℃～28℃，松弛15分钟。

7. 取面团，分出若干约30克/个的小面团。

8. 搓圆放烤盘，入发酵箱，用温度36℃、湿度75%进行二次发酵，约90分钟。

9. 发酵后，从面包顶尖部开始，往外绕餐包皮（即椰汁馅）。

10. 放烤盘，入烤箱，以上火180℃、下火170℃的温度烘烤15分钟左右。

家庭烘焙要领

若没有面包机，可以用手来和面，最好能够用撕拉的方式，这样会比较有效达到出膜的状态。发酵时，面团体积变大，摆放时相隔距离远一些，避免粘连。

香葱肉松包

原料：

高筋面粉160克，低筋面粉60克，细砂糖30克，盐3克，干酵母4克，水100毫升，鸡蛋25克，奶粉7克，黄油22克，沙拉酱、火腿粒、干葱花、白芝麻、肉松各适量

制作方法

1. 根据一般面包制作方法，把高筋面粉、低筋面粉、细砂糖、盐、干酵母、水、鸡蛋、奶粉、黄油搅拌均匀，揉成面团，揉至能拉出薄膜的扩展阶段，在28℃左右基本发酵1小时后（发酵到2.5倍大），将发酵好的面团用手压出气体，揉圆，进行15分钟中间发酵。

2. 将中间发酵好的面团，用擀面杖擀成方形的薄片，大小尽量与烤盘一致。

3. 将擀好的面片放入铺了油纸的烤盘里，用刀切掉多余部分，使它和烤盘完全贴合。

4. 面片铺好以后，进行最后一次发酵，用温度38℃、湿度85%发酵40~60分钟，直到面片厚度变成原来的两倍。

5. 发酵好以后，从烤箱取出烤盘，将烤箱预热到180℃，在发酵好的面团上刷上鸡蛋液，撒上火腿粒、白芝麻、干葱花，放进预热好的烤箱，烤12分钟左右，直到面包表面呈金黄色。

6. 烤好的面包，倒扣在另一张干净的油纸上，移去烤盘，并撕去底部的油纸，等待面包冷却。

7. 将面包的四边切去，使面包成为规则的方形（如果面包本身就很整齐的话，不切也可以）。

8. 在准备开始卷起来的一边用刀划几条口子，但不要划断。

9. 将面包紧紧地卷起来，卷好的面包用油纸包裹起来，静置30分钟，使面包卷定型。

10. 面包卷定型后，撤去油纸，将面包卷切成三段，每一段的两端都抹上沙拉酱，粘上肉松即可。

> 家庭烘焙要领
>
> 出炉后趁面包还是温热的时候就抹酱开始卷，卷好后最后用保鲜膜连烘焙油纸一起包住定型半小时左右，再打开。这样面包卷就不会断裂，并且能紧紧地保持着卷的状态。

北欧面包

原料

糖25克，水300毫升，鸡蛋30克，蛋牛奶浆8克，高筋面粉500克，全麦粉100克，酵母5克，猪油25克，盐5克，糖粉适量

制作方法

1. 把糖、水、鸡蛋、蛋牛奶浆、高筋面粉、全麦粉、酵母依次加入搅拌机内搅拌。

2. 把猪油、盐依次加入搅拌。

3. 搅拌至九成筋度。

4. 再慢速搅拌1分钟形成面团（面团温度28℃）。

5. 搅拌好的面团松弛15分钟。

6. 取100克/个松弛好的面团搓圆。

7. 把搓圆的面团表面用戒刀均匀切开三个口，摆入烤盘，放入发酵箱发酵90分钟后取出。

8. 入烤箱，以上火200℃、下火150℃的温度烘烤25分钟，熟透后出炉，撒上一层糖粉即可。

> **家庭烘焙要领**
>
> 面团发酵完成后，需要依面包种类的不同分割成大小不一的面团。分割时，要使用切面刀或刮板等器具，迅速而连贯地切开。如果把面团拉扯或是弄得支离破碎，就会破坏形成的麸质网状结构。

海苔卷

原料：

高筋面粉160克，低筋面粉60克，细砂糖30克，盐3克，干酵母4克，水100毫升，鸡蛋25克，奶粉7克，黄油22克，沙拉酱、海苔、肉松各适量

制作方法

1. 根据一般面包制作方法，把高筋面粉、低筋面粉、细砂糖、盐、干酵母、水、鸡蛋、奶粉、黄油搅拌均匀，揉成面团，揉至能拉出薄膜的扩展阶段，在28℃左右基本发酵1小时（发酵到2.5倍大），将发酵好的面团用手压出气体，揉圆，进行15分钟中间发酵。

2. 将中间发酵好的面团，用擀面杖擀成方形的薄片，大小尽量与烤盘一致。

3. 将擀好的面片放入铺了油纸的烤盘里，用刀切掉多余部分，使它和烤盘完全贴合。

4. 面片铺好以后，进行最后一次发酵，用温度38℃、湿度85%发酵40~60分钟，直到面片厚度变成原来的两倍。

5. 发酵好以后，从烤箱取出烤盘，将烤箱预热到180℃，在发酵好的面团上刷上鸡蛋液，放进预热好的烤箱，烤12分钟左右，直到面包表面呈金黄色。

6. 烤好的面包，倒扣在另一张事先铺好海苔的油纸上。移去烤盘，并撕去底部的油纸（即步骤3中的油纸）。等待面包冷却。

7. 将面包的四边切去，使面包成为规则的方形（如果面包本身就很整齐的话，不切也可以）。

8. 在准备开始卷起来的一边用刀划几条口子，但不要划断。

9. 将面包紧紧地卷起来，卷好的面包用油纸包裹起来，静置半个小时，使面包卷定型。

10. 面包卷定型后，撤去油纸，将面包卷切成三段，每一段的两端都抹上沙拉酱，粘上肉松即可。

> **家庭烘焙要领**
>
> 做好的海苔面包卷，不要放进冰箱冷藏，否则面包口感会变硬。另外，沙拉酱容易变质，最好在一天内食用完。

香葱沙拉包

原料

高筋面粉500克，糖100克，酵母5克，盐5克，鸡蛋45克，水275毫升，酥油50克，葱花、奶油馅丝各适量

制作方法

1. 将高筋面粉、糖、酵母、盐依次加入搅拌机，慢速搅拌均匀。

2. 加入鸡蛋、水，慢速拌匀转中速搅拌至面筋展开。

3. 加入酥油，慢速拌匀后转中速。

4. 完成后的面团表面光滑，可拉出薄膜状。

5. 慢速搅拌1分钟，使面筋稍作舒缓。

6. 面团搅拌完成后，温度在26℃~28℃，松弛15分钟。

7. 将面团擀平，分若干条约80克/条的面剂。

8. 将每一条搓成麻花状，盘起，放入模具。

9. 入发酵箱，用温度36℃、湿度75%进行二次发酵，约90分钟。

10. 发酵好后，在表面刷上鸡蛋液，然后撒葱花，挤上奶油馅丝，放入烤盘。

11. 入烤箱，以上火180℃、下火170℃的温度烤15分钟左右即可。

家庭烘焙要领

手工分割（如步骤7）必要时可用手粉，但撒粉要均匀，以免太多的干粉渗入到面团中，使烤出的面包内部有较大的直线空洞。

图书在版编目（CIP）数据

面包制作技法 / 犀文图书编著 . — 天津：天津科技翻译
出版有限公司，2014.1
（零基础学烘焙）
ISBN 978-7-5433-3331-4

Ⅰ . ①面… Ⅱ . ①犀… Ⅲ . ①面包－制作 Ⅳ . ① TS213.2

中国版本图书馆 CIP 数据核字 (2013) 第 302350 号

出　　　版：天津科技翻译出版有限公司
出 版 人：刘　庆
地　　　址：天津市南开区白堤路 244 号
邮政编码：300192
电　　　话：（022）87894896
传　　　真：（022）87895650
网　　　址：www.tsttpc.com
策　　　划：犀文图书
印　　　刷：深圳市新视线印务有限公司
发　　　行：全国新华书店
版本记录：710×1000　16 开本　8 印张　80 千字
　　　　　　2014 年 1 月第 1 版　2014 年 1 月第 1 次印刷
　　　　　　定价：29.80 元